国家出版基金项目
NATIONAL PUBLICATION FOUNDATION

"十三五"
国家重点出版物出版规划项目

高效毁伤系统丛书·智能弹药理论与应用

常规弹药智能化改造

Conventional Munition Intelligent Reconstruction

高敏 李超旺 方丹 编著

北京理工大学出版社
BEIJING INSTITUTE OF TECHNOLOGY PRESS

内 容 简 介

　　智能化弹药是在现代战争中日益受到重视，如何快速研制适合本国的高效能智能弹药成为各军事强国关注的热点。本书以典型的几种常规弹药为例，探讨其智能化改造的关键技术。

　　本书介绍了常规弹药的基本组成及智能弹药总体发展趋势；分析了智能榴弹的结构布局、关键技术；研究了迫击炮弹智能化改造的方案，讨论了导航、制导与控制等关键技术；介绍了火箭弹研制情况，分析了国内外研制进展以及聚焦的火箭弹智能化改造方向，讨论了脉冲修正火箭弹研制的关键技术；对小口径榴弹智能化改造方案进行了探讨，重点探讨了定距起爆的关键技术。

　　本书可作为弹药专业、引信专业的技术人员进行科研设计的参考用书，也可以作为相关专业本科和研究生的教学参考书。

图书在版编目（CIP）数据

　　常规弹药智能化改造／高敏，李超旺，方丹编著
．－－北京：北京理工大学出版社，2021.3
　　（高效毁伤系统丛书·智能弹药理论与应用）
　　ISBN 978-7-5682-9697-7

　　Ⅰ.①常…　Ⅱ.①高…　②李…　③方…　Ⅲ.①弹药—设计　Ⅳ.①TJ410.2

中国版本图书馆 CIP 数据核字（2021）第 066478 号

出　　版／	北京理工大学出版社有限责任公司
社　　址／	北京市海淀区中关村南大街 5 号
邮　　编／	100081
电　　话／	（010）68914775（总编室）
	（010）82562903（教材售后服务热线）
	（010）68944723（其他图书服务热线）
网　　址／	http：//www.bitpress.com.cn
经　　销／	全国各地新华书店
印　　刷／	北京捷迅佳彩印刷有限公司
开　　本／	710 毫米×1000 毫米　1/16
印　　张／	15.5
字　　数／	259 千字
版　　次／	2021 年 3 月第 1 版　2021 年 3 月第 1 次印刷
定　　价／	78.00 元

责任编辑／张鑫星
文案编辑／张鑫星
责任校对／周瑞红
责任印制／李志强

专家委员会委员（按姓氏笔画排列）：

于　全　中国工程院院士

王　越　中国科学院院士、中国工程院院士

王小谟　中国工程院院士

王少萍　"长江学者奖励计划"特聘教授

王建民　清华大学软件学院院长

王哲荣　中国工程院院士

尤肖虎　"长江学者奖励计划"特聘教授

邓玉林　国际宇航科学院院士

邓宗全　中国工程院院士

甘晓华　中国工程院院士

叶培建　人民科学家、中国科学院院士

朱英富　中国工程院院士

朵英贤　中国工程院院士

邬贺铨　中国工程院院士

刘大响　中国工程院院士

刘辛军　"长江学者奖励计划"特聘教授

刘怡昕　中国工程院院士

刘韵洁　中国工程院院士

孙逢春　中国工程院院士

苏东林　中国工程院院士

苏彦庆　"长江学者奖励计划"特聘教授

苏哲子　中国工程院院士

李寿平　国际宇航科学院院士

李伯虎	中国工程院院士
李应红	中国科学院院士
李春明	中国兵器工业集团首席专家
李莹辉	国际宇航科学院院士
李得天	国际宇航科学院院士
李新亚	国家制造强国建设战略咨询委员会委员、中国机械工业联合会副会长
杨绍卿	中国工程院院士
杨德森	中国工程院院士
吴伟仁	中国工程院院士
宋爱国	国家杰出青年科学基金获得者
张　彦	电气电子工程师学会会士、英国工程技术学会会士
张宏科	北京交通大学下一代互联网互联设备国家工程实验室主任
陆　军	中国工程院院士
陆建勋	中国工程院院士
陆燕荪	国家制造强国建设战略咨询委员会委员、原机械工业部副部长
陈　谋	国家杰出青年科学基金获得者
陈一坚	中国工程院院士
陈懋章	中国工程院院士
金东寒	中国工程院院士
周立伟	中国工程院院士

郑纬民	中国工程院院士
郑建华	中国科学院院士
屈贤明	国家制造强国建设战略咨询委员会委员、工业和信息化部智能制造专家咨询委员会副主任
项昌乐	中国工程院院士
赵沁平	中国工程院院士
郝　跃	中国科学院院士
柳百成	中国工程院院士
段海滨	"长江学者奖励计划"特聘教授
侯增广	国家杰出青年科学基金获得者
闻雪友	中国工程院院士
姜会林	中国工程院院士
徐德民	中国工程院院士
唐长红	中国工程院院士
黄　维	中国科学院院士
黄卫东	"长江学者奖励计划"特聘教授
黄先祥	中国工程院院士
康　锐	"长江学者奖励计划"特聘教授
董景辰	工业和信息化部智能制造专家咨询委员会委员
焦宗夏	"长江学者奖励计划"特聘教授
谭春林	航天系统开发总师

《高效毁伤系统丛书·智能弹药理论与应用》
编写委员会

丛书序

　　智能弹药被称为"有大脑的武器"，其以弹体为运载平台，采用精确制导系统精准毁伤目标，在武器装备进入信息发展时代的过程中发挥着最隐秘、最重要的作用，具有模块结构、远程作战、智能控制、精确打击、高效毁伤等突出特点，是武器装备现代化的直接体现。

　　智能弹药中的探测与目标方位识别、武器系统信息交联、多功能含能材料等内容作为武器终端毁伤的共性核心技术，起着引领尖端武器研发、推动装备升级换代的关键作用。近年来，我国逐步加快传统弹药向智能化、信息化、精确制导、高能毁伤等低成本智能化弹药领域的转型升级，从事武器装备和弹药战斗部研发的高等院校、科研院所迫切需要一系列兼具科学性、先进性，全面阐述智能弹药领域核心技术和最新前沿动态的学术著作。基于智能弹药技术前沿理论总结和发展、国防科研队伍与高层次高素质人才培养、高质量图书引领出版等方面的需求，《高效毁伤系统丛书·智能弹药理论与应用》应运而生。

　　北京理工大学出版社联合北京理工大学、南京理工大学和陆军工程大学等单位一线的科研和工程领域专家及其团队，依托爆炸科学与技术国家重点实验室、智能弹药国防重点学科实验室、机电动态控制国家级重点实验室、近程高速目标探测技术国防重点实验室以及高维信息智能感知与系统教育部重点实验室等多家单位，策划出版了本套反映我国智能弹药技术综合发展水平的高端学术著作。本套丛书以智能弹药的探测、毁伤、效能评估为主线，涵盖智能弹药目标近程智能探测技术、智能毁伤战斗部技术和智能弹药试验与效能评估等内容，凝聚了我国在这一前沿国防科技领域取得的原创性、引领性和颠覆性研究

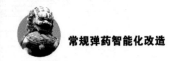

成果，这些成果拥有高度自主知识产权，具有国际领先水平，充分践行了国家创新驱动发展战略。

经出版社与我国智能弹药研究领域领军科学家、教授学者们的多次研讨，《高效毁伤系统丛书·智能弹药理论与应用》最终确定为12册，具体分册名称如下：《智能弹药系统工程与相关技术》《灵巧引信设计基础理论与应用》《引信与武器系统信息交联理论与技术》《现代引信系统分析理论与方法》《现代引信地磁探测理论与应用》《新型破甲战斗部技术》《含能破片战斗部理论与应用》《智能弹药动力装置设计》《智能弹药动力装置实验系统设计与测试技术》《常规弹药智能化改造》《破片毁伤效应与防护技术》《毁伤效能精确评估技术》。

《高效毁伤系统丛书·智能弹药理论与应用》的内容依托多个国家重大专项，汇聚我国在弹药工程领域取得的卓越成果，入选"国家出版基金"项目、"'十三五'国家重点出版物出版规划"项目和工业和信息化部"国之重器出版工程"项目。这套丛书承载着众多兵器科学技术工作者孜孜探索的累累硕果，相信本套丛书的出版，必定可以帮助读者更加系统、全面地了解我国智能弹药的发展现状和研究前沿，为推动我国国防和军队现代化、武器装备现代化做出贡献。

《高效毁伤系统丛书·智能弹药理论与应用》
编写委员会

前　言

　　现代战争对于智能弹药的需求持续存在，新研制智能弹药存在周期长、耗费高、风险大等客观现实，而库存无控弹药数量较多，因此，应用信息化技术探索一条适用于库存弹药改造、充分利用库存弹药可利用部组件、在短时间内大幅提升弹药精确打击能力的路子是世界各国弹药研发人员一直追求的目标。项目研究团队近十来年对多型中大口径加榴炮、迫击炮、火箭炮和车载小口径火炮配用弹药智能化改造进行了探索和尝试，获得了常规弹药智能化改造的有益经验和启示，为更好地促进弹药智能化事业发展、为类似开拓性工作提供借鉴，特总结团队常规弹药智能化改造的理论与技术成果结集成册。

　　第1章主要针对弹药的定义和发展进行了总结，对其基本组成和分类进行了阐述，为适应战场需要研究了战争对于弹药的基本要求；介绍了智能弹药的总体发展趋势。

　　第2章首先介绍了榴弹的基本状况，阐述了其发展历程，研究了智能榴弹的工作原理，对智能榴弹的构造和作用进行了介绍，详细总结了榴弹智能化改造的关键技术，包括弹道测量技术、姿态测量技术、导引控制技术、执行机构控制技术等。

　　第3章首先介绍了迫击炮武器系统的基本状况，包括迫击炮武器系统的发展、发射原理、优缺点、结构组成、迫击炮弹分类等；阐述了弹道修正迫击炮弹和精确制导迫击炮弹工作原理；详细介绍了智能迫击炮弹改造关键技术，包括制导律技术、装药号选择技术、仿真评估技术等。

　　第4章主要介绍了火箭弹的发展历程、种类、基本结构和弹丸外形，对智

能火箭弹的发展现状和工作原理进行了梳理，深入研究了智能火箭弹的构造、作用和改造关键技术，在此基础上对智能火箭弹发展趋势进行了总结。

第 5 章主要介绍了小口径弹药的发展历程、种类，总结了智能小口径弹药的国内外发展现状，归纳了不同类智能小口径弹药的工作原理，研究了智能小口径弹药构造、作用及改造关键技术。

第 6 章主要介绍了已列装的部分典型智能弹药。

高敏教授负责完成了本书第 1、2、3 章，李文钊副教授、施冬梅副教授参与完成了本书第 1 章，王毅讲师参与完成了本书第 2 章，吕静讲师、张永伟工程师参与完成了本书第 3 章，李超旺讲师负责完成了本书第 4、5 章，周晓东副教授、李海广工程师、方丹讲师参与完成了本书第 4 章，吴汉洲工程师、方丹讲师、宋谢恩工程师、关鹏鹏讲师参与完成了本书第 5 章，方丹讲师、高伟伟讲师完成了本书第 6 章，全书由李超旺统稿。在本书完成过程中，宋卫东教授对本书的内容提出了许多宝贵意见，本书大部分插图来自研究论文，徐敬青讲师、崔亮讲师等人对图表进行了美化和完善，北京理工大学出版社为本书的出版给予了大力的支持和帮助，在此一并表示衷心的感谢。

本书既可以作为一本技术参考书，为行业内科研人员提供必要的参考，也可以作为弹药专业的本科生、研究生学习弹药知识的辅助教材。

由于时间紧迫，编者水平有限，书中一定有疏漏和不当之处，热忱欢迎读者批评指正。

编著者

目　录

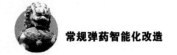

第 1 章

常规弹药概述

1.1 常规弹药及其发展

1.1.1 常规弹药定义

武器是直接用于杀伤敌方有生力量和破坏敌方作战设施的器械、装置。制造和使用武器的目的就是最大限度地削弱敌人的战斗力，以致最后消灭敌人，保存自己。在现代战争中，达到这一目的的主要手段就是弹药。弹药是武器系统的核心，是借助武器（或其他运载工具）发射或投掷到目标区域，完成既定战斗任务的终极手段。那么，什么是弹药呢？

"弹药"一词最早来自法语"munition de guerre"，意思是"战争之需"。现代弹药既可军用，也可民用，本书主要介绍军事上的弹药。

弹药，一般指有壳体，装有火药、炸药或其他装填物，能对目标起毁伤作用或完成其他任务的军械物品，包括枪弹、炮弹、手榴弹、枪榴弹、航空炸弹、火箭弹、导弹、鱼雷、深水炸弹、水雷、地雷、爆破器材等。用于非军事目的的礼炮弹、警用弹以及采掘、狩猎、射击运动的用弹，也属于弹药的范畴。

1.1.2 常规弹药的发展

1. 弹药的发展历史

兵器的发展经历了冷兵器时代和热兵器时代。在冷兵器的发展过程中，古时用于防身或进攻的投石、弹子、箭等可以算是射弹的最早形式。它们利用人力、畜力、机械动力投射，利用本身的动能击打目标。黑火药的发明可被认为是热兵器时代的开始，也就是一般意义上弹药发展的开始。

黑火药是我国在公元 9 世纪初发明的，10 世纪开始用于军事，作为武器中的传火药、发射药及燃烧、爆炸装药，在弹药的发展史上起着划时代的作用。黑火药最初以药包形式置于箭头被射出或从抛石机抛出。13 世纪，中国创造了可以发射"子窠"的竹制"突火枪"，它被认为是管式发射武器的鼻祖。"子窠"可以说是最原始的子弹。随后有了铜或铁制的管式火器，用黑火药作为发射药。黑火药和火器技术于 13 世纪经阿拉伯传至欧洲。早期的火器是滑膛的，发射的弹丸主要是石块、铁块、箭，以后普遍采用了石质或铸铁的实心球形弹，从膛口装填，依靠发射时获得的动能毁伤目标。16 世纪初出现了口袋式铜丸和铁丸的群子弹，对集群的人员、马匹的杀伤能力大大提高。

16 世纪中叶出现了一种爆炸弹，由内装黑火药的空心铸铁球和一个带黑火药的信管构成。17 世纪出现了铁壳群子弹。17 世纪中叶发现并制得雷汞。

19 世纪末至 20 世纪初先后发明了无烟火药和硝化棉、苦味酸、梯恩梯等猛炸药并应用于军事，它们是弹药发展史上的一个里程碑。无烟火药使火炮的射程几乎增加 1 倍。猛炸药替代黑火药，使弹丸的爆炸威力大大提高。第一次世界大战期间，深水炸弹开始被用于反潜作战，化学弹药也开始被用于战场。随着飞机、坦克投入战斗，航空弹药和反坦克弹药得到发展。第二次世界大战期间，各种火炮的弹药迅速发展，出现了反坦克威力更强的次口径高速穿甲弹和基于聚能效应的破甲弹。航弹品种增加，除了爆破杀伤弹外，还有反坦克炸弹、燃烧弹、照明弹等。反步兵地雷、反坦克地雷以及鱼雷、水雷的性能得到提高，分别在陆战、海战中被大量使用。第二次世界大战后期，制导弹药开始被用于战争。除了德国的 V-1 飞航式导弹和 V-2 弹道式导弹以外，德国、英国和美国还研制并使用了声自导鱼雷、无线电制导炸弹。但是，当时的制导系统比较简单，命中精度也较低。

第二次世界大战结束后，电子技术、光电子技术、火箭技术和新材料等高新技术的发展，成为弹药发展的强大推动力。制导弹药，特别是 20 世纪 70 年代以来各种精确制导弹药的迅速发展和在局部战争中的成功应用，是这个时期弹药发展的一个显著特点。精确制导弹药除了有命中精度很高的各种导弹外，还有制导炸弹、制导炮弹、制导子弹药和有制导的地雷、鱼雷、水雷等。与此同时，弹药射程和威力性能也获得了长足进步。火炮弹药广泛采用增程技术，出现了火箭增程弹、冲压发动机增程弹、底凹弹和底部排气弹等增程炮弹。液体发射药、模块化（刚性组合）装药的研制取得重要进展，已经接近实用水

平。随着坦克装甲防护能力的不断提高，研制成功了侵彻能力更强的长杆式次口径尾翼稳定脱壳穿甲弹，以及能对付反应装甲的串联式聚能装药破甲弹。除了传统的钨合金弹芯穿甲弹外，还新发展了贯穿能力更强的贫铀弹芯穿甲弹。为了满足轰炸不同类型目标的需要，发展了集束炸弹、反跑道炸弹、燃料空气炸弹、石墨炸弹、钻地弹等新型航弹。为了适应高速飞机外挂和低空投弹的需要，在炸弹外形和投弹方式上都做了改进，出现了低阻炸弹和减速炸弹。火箭弹品种大量增多，除了地面炮兵火箭弹以外，还发展了航空火箭弹、舰载火箭弹、单兵反坦克火箭弹以及火箭布雷弹、火箭扫雷弹等。

2. 弹药的发展趋势

现代战争是陆、海、空、天、电一体化，以信息战和纵深精确打击能力为核心的高技术战争。从海湾战争、科索沃战争、阿富汗战争、伊拉克战争等局部战争中可以看出，现代战争的主要特点是作战范围大，时间和空间转换快，作战样式多，具体表现为：

（1）信息制胜。信息技术是现代战争取得胜利的关键，左右着战争的发展进程。战场信息化、数字化成为现代战争的主要特征之一。

（2）距离优势。现代战争的作战距离越来越大，已经没有传统战场前、后方的概念。拥有防区外远程压制武器，将提高己方部队的作战灵活性，能够做到保护自己、消灭敌人，从而赢得战争的主动权。

（3）技术对抗。战场成为交战国家高新技术武器弹药的试验场。现代战争中各种新概念高新技术武器不断出现，性能不断提高。谁拥有高新技术武器，谁就掌握了战争的主动权。

（4）目标变化。现代战争的作战理论和作战方式发生了根本性的变化，所打击的目标也随之发生了改变。在战场上除了坦克、装甲车辆、掩体等传统目标外，还出现了各类巡航导弹、武装直升机、新型钢筋混凝土防护设施，各类主动、被动防护坦克，C^4ISR 系统，以及洞穴等具有新型易损特性的目标。

3. 弹药应具有的能力

由上述特点可以知道，为了适应现代战争，作为最终完成对各类目标毁伤功能的弹药必须具有下述能力：

（1）精确打击能力。在现代战争中，为减少不必要的附加损伤，要求弹箭必须具有精确的点目标打击能力，故弹药的制导化、可控化成为弹箭技术的必然发展方向。随着科学技术的发展，弹箭技术发生了质的变化，正朝着灵巧化、智能化的方向发展，出现了末敏弹、弹道修正弹、智能雷等新型弹药。末敏弹是一种由火炮发射，集先进的敏感器技术和爆炸成型弹丸技术于一体，用于对付坦克、自行火炮和步兵战车等装甲目标的新型灵巧弹药，如美国的"萨达姆"（SADARM）末敏弹、德国的"灵巧"（SMART）末敏弹等。它实现了"发射后不用管"的目标，是弹药技术领域的一次飞跃。

弹道修正弹是一种有别于制导弹药的简易控制弹，依靠弹上的接收装置获得弹道信息，通过处理后由修正装置来有限次修正弹药的弹道，从而达到提高射击精度的目的。如德国为 227 mm 火箭弹研制了 CORRECT 低成本制导模块，配用 CORRECT 模块后，火箭弹的精度可达到 50 m。

（2）远程压制能力。战争实践表明，拥有远程压制能力的一方可使己方在敌方火力之外打击敌方目标，掌握战争主动。因此，提高弹箭射程始终是弹箭发展的目标之一，也是弹箭技术发展的一个主要方向。火箭推进、底部排气、滑翔增程以及复合增程技术是提高弹箭射程的基本手段。

美国、法国、俄罗斯、南非等国都研制了火箭增程弹、底排增程以及底排与火箭复合增程弹，可以在敌方火炮系统射程之外较好地压制敌方火力，获得战争的主动权。如南非 VLAP 增速远程炮弹，采用火箭和底排复合增程技术，由 155 mm/52 倍口径火炮发射时，射程可达 52.5 km。

（3）高效毁伤能力。现代战争要求弹箭能够有效对付地面设施、装甲车辆等目标，也要求能够有效对付武装直升机、巡航导弹以及各类高价值空中目标。同时，由于弹药是在战争中大量消耗的装备，作战效能高的弹药可以大大降低作战成本。因此，现代战争要求弹箭具有对各类目标的多功能高效毁伤能力，可以根据不同的目标进行不同类型的毁伤，以适应现代战争的特点。

提高弹药的高效毁伤能力，除提高装药性能外，新型多功能子母弹药已成为弹药技术领域的关键技术之一。在子母弹的发展中，某些国家强调在子弹药威力性能足够的前提下，通过数量的增加来提高子母弹的面毁伤能力；而某些国家则在面毁伤前提下更注重单枚子弹药的威力。如美国 M864 子母弹携带 108 枚 XM80 子弹药，其 XM80 子弹药破甲威力约达 52 mm；而德国 DM652 子母弹仅携带 49 枚子弹药，但其子弹药破甲威力达 100 mm，远高于 XM80 子弹药。目前子母弹技术将与精确制导技术、增程技术等结合起来，共同实现对目标的高效毁伤。

（4）信息钳制能力。在现代战争中，要想实现对战场态势的快速响应，就要求弹箭必须具有快速获取战场信息并迅速反馈的能力，同时还必须具有对敌方获取信息能力的阻断和反制能力。因此，研制具有战场态势获取控制能力的弹箭，也是目前弹箭技术的一个新的发展方向。

目前，世界各国已经开始研制具有战场信息感知获取能力，甚至兼具攻击能力的信息化弹药。如美国的 155 mmXM185 电视侦察炮弹，利用弹丸向前飞行和旋转，使弹载传感器的视场做动态变化，对飞越的区域进行扫描，实施侦察并发现目标。此外，战场评估炮弹也是一种新型的评估目标毁伤情况的信息化炮弹，当它被发射到目标区域上空时，炮弹内部装载的微型电视摄像机可将目标被毁情况通过传输系统发送回指挥所，以便对目标毁伤情况进行评估。如美国 155 mm 目标识别与毁伤评估炮弹作用距离达 60 km，悬浮时间达 5 min 以上。

综上所述，随着科学技术的发展，弹药技术将向着远程化、精确化、制导化、高效能、多用途、深侵彻及可调效应化方向发展。其具体的发展方向归结为：采用高能发射药，改善弹药外形，或探索简易增程途径，增大弹药射程；在航空弹药和炮弹上加装简易的末段制导或末段敏感装置，提高弹药对点目标的命中精度；发展智能引信，智能引信与战斗部配合，提高战斗部对目标的作用效率；采用高破片率钢材制作弹体或装填重金属、可燃金属的预制、半预制破片，提高战斗部的杀伤威力；发展集束式、子母式和多弹头战斗部，提高弹药打击集群目标和多个目标的能力；研制复合作用战斗部，增加单发弹药的多用途功能；发展可根据目标类型调节爆轰能量大小的毁伤效应可调战斗部，提高对目标毁伤的有效性；发展各类特种弹药，执行军事侦察、战场监视（听）及通信干扰等任务，适应未来全方位作战需要。此外，在弹药部件结构上，还应实现通用化、标准化、组合化，以简化生产及勤务管理。

|1.2 常规弹药组成及其分类|

1.2.1 常规弹药组成

弹药的结构应能满足发射性能、运动性能、终点效应、安全性和可靠性等诸方面的综合要求，通常由战斗部、投射部和稳定部等部分组成。制导弹药还有制导部分，用以导引或控制弹药进入目标区，或自动跟踪运动目标，直至最终击中目标。

1. 战斗部

战斗部是弹药毁伤目标或完成既定终点效应的部分。某些弹药仅由战斗部单独构成，如地雷、水雷、航空炸弹、手榴弹等。典型的战斗部由壳体（弹体）、装填物和引信组成。壳体用来容纳装填物并连接引信，在某些弹药中又是形成破片的基体。装填物是毁伤目标的能源物质或战剂。常用的装填物有炸药、烟火药、预制或控制成型的杀伤穿甲元件等，还有生物战剂、化学战剂和核装药，通过装填物的自身反应或其特性，产生力学、热、声、光、化学、生物、电磁、核等效应来毁伤目标。引信是为了使战斗部产生最佳终点效应，而适时引爆、引燃或抛撒装填物的控制装置，常用的引信有触发引信、近炸引信、定时引信等。有的弹药配有多种引信或多种功能的引信系统。

根据对目标作用和战术技术要求的不同，可分为几种不同类型的战斗部，其结构和作用机理呈现各自的特点。爆破战斗部，壳体相对较薄，内装大量高能炸药，主要利用爆炸的直接作用或爆炸冲击波毁伤各类地面、水中和空中目标；杀伤战斗部，壳体厚度适中（有时壳体刻有槽纹），内装炸药及其他杀伤元件，通过爆炸后形成的高速破片来杀伤有生力量，毁伤车辆、飞机或其他轻型技术装备；动能穿甲战斗部，弹体为实心或装少量炸药，强度高，断面密度大，以动能击穿各类装甲目标；破甲战斗部，为聚能装药结构，利用聚能效应产生高速金属射流或爆炸成型弹丸，用以毁伤各类装甲目标；特种战斗部，壳体较薄，内装发烟剂、照明剂、宣传品等，以达到特定的目的；子母战斗部，母弹体内装有抛射系统和子弹等，到达目标区后抛出子弹，毁伤较大面积上的目标。

2. 投射部

投射部是提供投射动力的装置，使战斗部具有一定速度射向预定目标。射击式弹药的投射部由发射药、药筒或药包、辅助元件等组成，并由底火、点火药、基本发射药组成传火序列，保证发火的瞬时一致及可靠。弹药发射后，投射部的残留部分从武器中退出，不随弹丸飞行。火箭弹、鱼雷、导弹等自推式弹药的投射部，由装有推进剂的发动机形成独立的推进系统，发射后伴随战斗部飞行。

3. 稳定部

稳定部是保证战斗部稳定飞行，以正确姿态击中目标的部分。典型的稳定部结构有使战斗部高速旋转的弹带（导带）或涡轮装置，有使战斗部空气阻力中心移于质心之后的尾翼装置以及两种装置的组合形式。

4. 导引部

导引部是弹药系统中导引和控制弹丸正确飞行运动的部分,对于无控弹药,简称导引部;对于控制弹药,简称制导部。它可能是一完整的制导系统,也可能与弹外制导设备联合组成制导系统。

(1)导引部。使弹丸尽可能沿着事先确定好的理想弹道飞向目标,实现对弹丸的正确导引。火炮弹丸的上下定心突起或定心舵形式的定心部即其导引部,而无控火箭弹的导向块或定位器为其导引部。

(2)制导部。导弹的制导部通常由测量装置、计算装置和执行装置三个主要部分组成。根据导弹类型的不同,相应的制导方式也不同,主要有自主式制导、寻的制导、遥控制导和复合制导等制导方式。

1.2.2 常规弹药的分类

目前,世界各国所装备和正在发展的各种弹药有数百种。为了便于研究、管理和使用,将它们进行必要的分类是很有意义的。弹药有多种分类方法,可从不同的角度进行分类。

1. 按用途分类

按用途分类,弹药可分为主用弹药、特种弹药、辅助弹药等。

主用弹药:用于直接毁伤各类目标的弹药,包括杀伤弹、爆破弹、杀伤爆破弹、穿甲弹、破甲弹、混凝土破坏弹、碎甲弹、子母弹和霰弹等。

特种弹药:用于完成某些特殊作战任务的弹药,如照明弹、燃烧弹、烟幕弹、信号弹、干扰弹、宣传弹、侦察弹和毁伤评估弹等。

辅助弹药:供靶场试验和部队训练等非作战使用的弹药,如训练弹、教练弹和试验弹等。

2. 按弹丸与药筒(药包)的装配关系分类

按弹丸与药筒(药包)的装配关系分类,弹药可分为定装式弹药、药筒分装式弹药、药包分装式弹药等。

定装式弹药:弹丸和药筒结合为一个整体,射击时一起装入膛内,因此发射速度快,容易实现装填自动化。弹药口径一般不大于 105 mm。

药筒分装式弹药:弹丸和药筒为分体,发射时先装弹丸,再装药筒,两次装填,因此发射速度较慢,但可以根据需要改变药筒内发射药的量。弹药口径通常大于 122 mm。

药包分装式弹药：弹丸、药包和点火器分 3 次装填，没有药筒，而是靠炮闩来密闭火药气体。一般在岸炮、舰炮上采用该类弹药。此类弹药口径大，但射速较慢。

3. 按发射的装填方式分类

按发射的装填方式分类，弹药可分为后装式弹药、前装式弹药等。

后装式弹药：弹药从尾部装入膛内，关闭炮闩后发射。

前装式弹药：弹药从口部装入膛内发射。

4. 按口径分类

按口径划分的弹药类别如表 1 - 1 所示。

表 1 - 1　按口径划分的弹药类别　　　　　　　　　　mm

类别	地面炮	高射炮	舰载炮
小口径弹药	20 ~ 70	20 ~ 60	20 ~ 100
中口径弹药	70 ~ 155	60 ~ 100	100 ~ 200
大口径弹药	>155	>100	>200

5. 按稳定方式分类

按稳定方式分类，弹药可分为旋转稳定式弹药、尾翼稳定式弹药等。

旋转稳定式弹药：依靠膛线或其他方式使弹丸高速旋转，按照陀螺稳定原理在飞行中保持稳定。

尾翼稳定式弹药：弹丸不旋转或低速旋转，依靠弹丸的尾翼使空气动力作用中心（压力中心）后移，一直移到弹丸质心之后的某一距离处，从而保持弹丸飞行稳定。迫击炮弹就是尾翼稳定的一个实例。

6. 按弹丸与火炮口径的关系分类

按弹丸与火炮口径的关系分类，弹药可分为适口径弹药、次口径弹药、超口径弹药等。

适口径弹药：弹径与火炮口径相同的弹药。

次口径弹药：弹径小于火炮口径的弹药。

超口径弹药：弹径大于火炮口径的弹药。

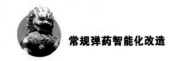
7. 按配属的军种分类

按配属的军种分类，弹药可分为炮兵弹药、海军弹药、空军弹药、轻武器弹药、爆破器材等。

炮兵弹药：配备于炮兵的弹药，主要包括地面火炮系统的炮弹、迫击炮弹、火箭弹、导弹等。

海军弹药：配备于海军的弹药，主要包括舰载炮炮弹、岸基炮炮弹、舰射或潜射导弹、鱼雷、水雷、深水炸弹等。

空军弹药：配备于空军的弹药，主要包括航空炸弹、航空机关炮弹、航空机关枪弹、航空导弹、航空火箭弹、空投鱼雷、航空水雷等。

轻武器弹药：配备于单兵或班组的弹药，主要包括各种枪弹、手榴弹、肩射火箭弹以及其他便携型武器弹药等。

爆破器材：主要包括地雷、炸药包、扫雷弹药、点火器材等。

8. 按投射方式分类

按投射方式分类，弹药可分为射击式弹药、自推式弹药、投掷式弹药和布设式弹药 4 种。

1）射击式弹药

各类枪炮身管武器以火药燃气压力从膛管内发射的弹药，包括炮弹、枪弹等。榴弹发射器配用的弹药也属于射击式弹药。炮弹、枪弹具有初速大、射击精度高、经济性好等特点，是战场上应用最广泛的弹药，适用于各军兵种。

炮弹是指口径在 20 mm 以上，利用火炮将其发射出去，完成杀伤、爆破、侵彻或其他战术目的的弹药。炮弹是武器系统的一个重要组成部分，它直接对目标发挥作用，最终体现着火炮的威力。炮弹主要用于压制敌方火力，杀伤有生力量，摧毁工事，毁伤坦克、飞机、舰艇和其他技术装备。

枪弹是从枪膛内发射的弹药，主要对付人员及薄装甲目标，结构与定装式炮弹类似。普通枪弹弹头多是实心的。穿甲燃烧弹弹头除有穿甲钢芯外，还装填少量燃烧剂，借助高速撞击压缩而引燃。20 世纪 60 年代开始发展无壳弹。它的发射药压成药柱形状，再与底火、弹头黏成一个整体。由于去掉了金属弹壳，弹身变短，故可提高射速和点射精度，并可减轻弹药质量，提高单兵携弹量，射击后无须退壳，有利于武器性能的提高。

2）自推式弹药

本身带有推进系统的弹药，包括火箭弹、导弹、鱼雷等。这类弹靠自身发动机推进，以一定初始射角从发射装置射出后不断加速，至一定速度后才进入惯性自由飞行阶段。由于发射时过载低，发射装置对弹药的限制因素少，所以自推式弹药具有各种结构形式，易于实现制导，具有广泛的战略、战术用途。

火箭弹是指非制导的火箭弹药，利用火箭发动机从喷管中喷出的高速燃气流产生推力。发射装置轻便，可多发联射，火力猛，突袭性强，但射击精度较低，适用于压制兵器对付地面目标。轻型火箭弹可用便携式发射筒发射，射程近，机动灵活，易于隐蔽，特别适用于步兵反坦克作战。

导弹是依靠自身动力装置推进，由制导系统导引、控制其飞行路线并导向目标的武器。制导系统不断地修正弹道与控制飞行姿态，导引射弹稳定、准确地飞向目标区。小型战术导弹通常采用破甲、杀伤或爆破战斗部，多用来攻击坦克、飞机、舰艇等快速机动目标。装核弹头的大、中型中远程导弹，主要打击固定战略目标，起威慑作用。

鱼雷是能在水中自航、自控和自导的用以爆炸毁伤目标的水中武器，以较低的速度从发射管射入水中，用热动力或电力驱动鱼雷尾部的螺旋桨或通过喷气发动机的作用在水中航行。战斗部装填大量高能量炸药，主要用于袭击水面舰艇、潜艇和其他水中目标。

3）投掷式弹药

投掷式弹药包括航空炸弹、深水炸弹、手榴弹和枪榴弹等。

航空炸弹是从飞机或其他航空器上投放的弹药，主要用于空袭，轰炸机场、桥梁、交通枢纽、武器库及其他重点目标，或对付集群地面目标。它常以全弹的名义质量（kg 或 lb①）标示大小，又称圆径，圆径变化范围广（从小于 1 kg 至上万千克）。航空炸弹弹体上有供飞机内外悬挂的吊耳。尾翼起飞行稳定作用。某些炸弹的头部还装有固定的或可卸的弹道环，以消除跨声速飞行易发生的失稳现象。外挂式炸弹具有流线型低阻空气动力外形，便于减小载机阻力。超低空水平投放的炸弹，在炸弹尾部还加装有金属或织物制成的伞状装置，投弹后适时张开，起增阻减速、增大落角和防止跳弹的作用，同时使载机能充分飞离炸点，确保安全。航空炸弹具有类型齐全的各类战斗部，其中爆破、燃烧、杀伤战斗部应用最为广泛。

深水炸弹是从水面舰艇或飞机发（投）射、在水中一定深度爆炸以攻击潜艇的弹药，也可攻击其他水中目标。

手榴弹是用手投掷的弹药。杀伤手榴弹的金属壳体常刻有槽纹，内装炸药，配用定时延期引信，投掷距离可达几十米，弹体破片能杀伤十几米范围内的有生力量和毁伤轻型技术装备。手榴弹还有发烟、照明、燃烧、反坦克等

———————————

① 磅，1 lb = 0.454 kg。

类型。

枪榴弹是借助枪射击普通子弹或空包弹从枪口部投掷出的超口径弹药，由超口径战斗部及外安尾翼片、内装弹头吸收器（收集器）的尾管构成。发射时，将尾管套于枪口部特制的发射器上，利用射击空包弹的膛口压力或实弹产生的膛口压力及子弹头的动能实现对枪榴弹的发射。枪榴弹战斗部直径为35~75 mm，质量一般在0.15~1 kg，射程可达几百米，采用火箭增程可达千米。它具有破甲、杀伤、燃烧、照明、发烟等多种战斗部，是一种用途广泛的近战、巷战单兵弹药。

4）布设式弹药

用空投、炮射、火箭撒布或人工布（埋）设方式设于预定地区的弹药，如地雷、水雷及一些干扰、侦察、监视弹等。待目标通过时，引信感觉目标信息或经遥控起爆，阻碍并毁伤步兵、坦克和水面、水下舰艇等。具有干扰、侦察、监视等作用的布设式弹药，可适时完成一些特定的任务。有的在布设之后，可待机发射子弹药，对付预期目标。

地雷是撒布或浅埋于地表待机作用的弹药。反坦克地雷内装集团或条形装药，能炸坏坦克履带及负重轮；内装聚能装药的反坦克地雷，能击穿坦克底甲、侧甲或顶甲，还可杀伤乘员并炸毁履带。防步兵地雷还可装简易反跳装置，跳离地面0.5~2 m高度后空炸，增大杀伤效果。

水雷是布设于水中待机作用的弹药，分为自由漂浮于水面的漂雷、沉底水雷以及借助雷索悬浮在一定深度的锚雷。其上安装触发引信或近炸引信。近炸引信可感受舰艇通过时一定强度的磁场、音响及水压场等而作用；某些水雷中还装有定次器和延时器，达到预期的目标通过次数或通过时间才爆发，起到迷惑敌人、干扰扫雷的作用。

9. 按装填物（剂）的类别分类

按装填物（剂）的类别，弹药可分为常规弹药、核弹药、化学弹药、生物弹药等。以上所讲的都是常规弹药，核弹药、化学弹药、生物弹药不仅具有大面积杀伤破坏能力，而且污染环境，属于大规模杀伤弹药。

生物弹药是装有生物战剂的弹药。生物战剂为传染性致病微生物或其提取物，包括病毒、细菌、立克次氏体、真菌、原虫等，能在人员、动植物机体内繁殖，并引起大规模致病或死亡。它可制成液态或干粉制剂，装填在炮弹、炸弹、火箭弹的战斗部中，通过爆炸或机械方式抛撒于空中或地面上，形成生物气溶胶，污染目标或通过媒介物（如昆虫）感染目标。

化学弹药是装有化学战剂的弹药。化学战剂为各种毒性的化学物质，可装填在炮弹、地雷、航空炸弹和火箭弹的战斗部中，通过爆炸将其撒布于空中、地面，使人员中毒，使器材、粮食、水源、土地等受到污染。

核弹药是指原子弹利用核裂变链式反应，氢弹利用热核聚变反应，释放出核内能量，产生爆炸作用的弹药。它威力极高，用梯恩梯当量标示大小。氢弹威力可高达数千万吨梯恩梯当量，爆炸后产生冲击波、地震波、光辐射、贯穿辐射、放射性污染、电磁脉冲等，对大范围内的建筑、人员、装备、器材等多目标具有直接和间接的毁伤作用。核装药主要装填在航空炸弹及导弹战斗部中，用于对付战略目标。原子弹已日益小型化。20 世纪 70 年代后，美军已制成了核炮弹、核地雷装备部队。中子弹是热核弹药的特殊类型，爆炸后的冲击波及光辐射效应较小，但产生大剂量贯穿辐射极强的高速中子流，可在目标（坦克、掩蔽部等）不发生机械损毁的情况下，杀伤其内部人员。

|1.3　对常规弹药的要求|

炮弹和火箭弹是弹药中的主要品种，也是整个火力系统中的重要组成部分，可以直接对目标起作用。其性能的好坏，直接影响着部队的战斗力。在此，对弹药的要求，主要从炮弹和火箭弹的角度来谈。稳、准、狠地毁伤敌方目标，历来是兵器研制、发展和使用所遵循的总方向，当然也是弹箭研制、发展和使用的总方向。无论对哪一级配备的炮弹和火箭弹，从战术要求上看，总是希望其射程远、威力大、精度高、使用安全并能长期储存；从经济上看，总是希望其造价低。这些要求以战术技术指标的形式统一在具体的炮弹或火箭弹上，并由此表明了该弹的先进与否。

对某一类或某一种炮弹或火箭弹来说，要求总是具体的。具体的指标要求，既不可脱离战争实践，也不可能脱离科学技术的发展状况，因而在指标的提法上是多种多样的。在提出这些具体的指标时，应当考虑和分析具体炮弹或火箭弹所要配备的兵种和级别、所要对付的目标、国外同类武器的发展状况和技术上实现的可能性。这个过程就是弹药战术技术指标的论证过程。

1.3.1　射程

对于不同的目标和弹种，其射程的含义是不同的。压制兵器所用弹药的射程，一般是指从射出点到落点的水平距离；反坦克弹药的射程是指最大弹道高不超过 2 m 时的直射距离；高射弹药的射程是指弹道高度；机载用弹药的射程

是指从射出点到着点的直线距离；等等。

要求射程远的意义是显而易见的。只有射程远，才能消灭敌人、保存自己；才能在不变换阵地的情况下，以火力不断支援步兵和行进中的坦克；才能在大纵深、宽正面的地域内实施火力机动，射击更多目标。

影响射程的主要因素是弹丸的初速（对火箭弹来说是主动段终点速度）、弹道系数和飞行稳定性。

目前，提高炮弹射程的方法，除了采用高膛压火炮、新型发射药等措施外，在弹药领域还广泛采用火箭推进、底排减阻、滑翔、低阻弹形等多种技术来提高弹丸的射程。

1.3.2 威力

弹药的威力是指弹药对目标的杀伤和破坏能力，是完成战斗任务的直接因素。不同用途的弹药，其威力要求也是不同的。例如，杀伤榴弹要求有效杀伤破片多，杀伤半径大；爆破榴弹要求炸药量多，炸药威力大；穿甲弹与破甲弹要求具有足够大的穿甲、破甲深度；碎甲弹要求层裂片的质量大，速度高；照明弹要求亮度大，作用时间长；等等。弹药的威力大，可以相应地减少弹药消耗量，缩短完成战斗任务的时间。

为了适应现代战争的需要，用什么标准来衡量弹药威力的大小，是一个值得进一步研究的问题。总的来说，具体威力标准的提出与目标类型、弹药毁伤机理和战术使用等因素相关。综合威力指标可以在考核项目比较少的情况下全面衡量弹药的威力，使考核试验简化，给考核工作带来方便；但是，在缺乏综合威力指标时，单项威力指标的提出也不是毫无意义的，特别是单项威力的提出利于有针对性地提高弹药性能。在确定具体弹药的威力指标时，下述从弹药作用角度考虑的威力指标可供使用中参考，如表1-2所示。

表1-2 弹药的威力指标

弹药作用	威力指标
杀伤	杀伤面积，有效杀伤破片数，平均破片速度、质量和破片分布密度
爆破	漏斗坑体积，最小抵抗线高度，在一定距离上的冲击波超压，炸药量
侵彻	在一定距离上穿透一定倾角的装甲板厚度，在一定距离上穿透标准靶板的厚度
碎甲	层裂片的质量和速度，靶厚一定距离处的冲击波超压

影响弹药威力大小的因素有很多，对具体弹药应当进行具体的分析。对此，将在以后各章中分别予以说明。

1.3.3 精度

这里所说的精度是指射击精度。射击精度是指射弹的弹着点（或炸点）同预期命中点间接近程度的总体度量，包括射击准确度和射击密集度两个方面。只有射击准确度和射击密集度都好，才能说射击精度好。弹着点对预期命中点的偏差称为射击偏差，也称射击误差。射击偏差是衡量射击精度的尺度，是由诸元偏差与散布偏差引起的。诸元偏差影响射击准确度，散布偏差影响射击密集度。

1. 射击准确度

射击准确度，表示射弹散布中心对预期命中点的偏离程度。这种偏离是由在射击准备过程中测地、气象、弹道等方面的误差、射表误差和武器系统技术准备误差等综合产生的射击诸元误差造成的，通常称之为诸元偏差，因此射击准确度又叫诸元精度。诸元偏差在一次射击中是不变的系统误差，可以通过校正武器或者修正射击诸元来缩小或者消除。射击准确度通常用诸元概率偏差来表征，且其值越小，射击准确度越好。诸元概率偏差通常采用理论与试验相结合的方法来确定。在枪械射击中，射击准确度一般用平均弹着点偏离预期命中点的距离来近似度量。这个距离越小，射击准确度越好。平均弹着点是一定数弹着点分布空间的中心位置，在弹着点无限多时它就是射弹散布中心。

2. 射击密集度

当在相同的射击诸元条件下，用同一批弹药对同一目标进行瞄准射击时，这些弹药无论在什么情况下都不会命中同一目标，即使事先对各发弹都仔细进行了挑选，各发弹的弹道也不会重叠在一起，而是形成一定的弹道束，落在一定的范围内，这种现象叫射弹散布。

射击密集度，表示各个弹着点对散布中心偏离程度的总体度量。这种偏离来源于各发射弹发射时武器、弹药、气象、发射操作及其他有关因素的非一致性造成的各不相同的随机偏差。这种偏差，会引起射弹散布，也叫散布偏差，因此射击密集度也叫散布精度，它是射弹散布疏密程度的表征。由于散布偏差只能设法减小，不能完全消除，因此射弹散布是不可避免的。

1）射弹散布产生的原因

总的来说，引起射弹散布的原因大体可分为 3 类：

（1）各发弹的特征系数（如弹丸质量、弹径、弹长、质心位置、质量偏心和外形等）稍有不同并表现为随机性质。

（2）各发弹的射击条件（如初速、射角、射向和发射药量等）稍有不同并表现为随机性质。

（3）各发弹所受到的干扰（如初始扰动、气象条件、气动偏心和火箭弹的推力偏心等）稍有不同并表现为随机性质。

所有这些因素的综合作用结果，使射弹的实际弹道形成散布，如图 1 - 1 所示。

2）射击密集度的度量方法

射击密集度通常有 3 种度量方法，即射弹散布概率偏差、散布密集界和散布圆半径或圆概率偏差（CEP）。

（1）射弹散布概率偏差：也称射弹散布概率误差、射弹散布中间偏差或公算偏差。在射弹散布面上，与散布轴对称，弹着点出现概率为 50% 的区间宽度的一半称为射弹散布概率偏差，如图 1 - 2 所示。有高低、方向和距离射弹散布概率偏差之分。它通常以字母 E 表示，以长度单位计量。

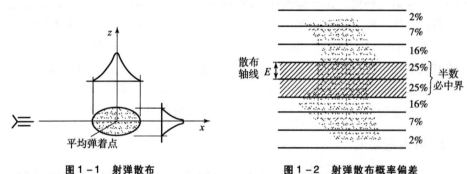

图 1 - 1 射弹散布   图 1 - 2 射弹散布概率偏差

大量的观察表明，射弹落点相对于平均弹着点的坐标为平面上的二维随机变量，且满足正态分布规律。若取坐标轴与散布椭圆的主轴相重合，而坐标原点任选，则落点坐标（x，z）有如下分布规律：

$$f(x,z) = \frac{\rho^2}{\pi E_x E_z} \cdot \exp\left\{ -\rho^2 \left[\frac{(x - \bar{x})^2}{E_x^2} + \frac{(z - \bar{z})^2}{E_z^2} \right] \right\} \qquad (1-1)$$

式中　ρ ——常数，$\rho = 0.477$；

　　　E_x ——坐标 x 的中间偏差，通常为射弹的距离（或射程）的概率偏差；

　　　E_z ——坐标 z 的中间偏差，通常被称为方向（或侧向）的概率偏差；

　　　$\bar{x}$ 和 $\bar{z}$ ——平均弹着点的 x 和 z 坐标，而且 $\bar{x} = \frac{1}{n} \sum_1^n x_i$，$\bar{z} = \frac{1}{n} \sum_1^n z_i$，$n$ 为射弹发数。

E_x，E_z 与均方差之间有如下关系：

$$E_x = \rho \sqrt{2} \sigma_x = 0.674\,5 \sqrt{\frac{1}{n-1} \sum_1^n (x - \bar{x})^2}$$

$$E_z = \rho \sqrt{2} \sigma_z = 0.674\,5 \sqrt{\frac{1}{n-1} \sum_1^n (z - \bar{z})^2}$$

同理，在坐标 y 的方向上，有高低概率偏差：

$$E_y = \rho \sqrt{2} \sigma_y = 0.674\,5 \sqrt{\frac{1}{n-1} \sum_1^n (y - \bar{y})^2}$$

式中，平均弹着点坐标 $\bar{y} = \frac{1}{n} \sum_1^n y_i$。

在实际中就是利用射弹散布概率偏差 E_x、E_y 和 E_z 的大小来衡量射击密集度的好坏。一般来说，如果弹药的射程为 X，则对水平面上的目标进行射击，用距离概率偏差 E_x 和方向概率偏差 E_z，或用相对概率偏差 E_y/X 和 E_z/X 表征射击密集度；对垂直目标射击，用高低概率偏差 E_y 和方向概率偏差 E_z，或用相对概率偏差 E_y/X 和 E_z/X 表征射击密集度；对空中目标进行射击，用距离概率偏差 E_x、高低概率偏差 E_y 和方向偏差 E_z，或用斜距离概率偏差 E_D、法向概率偏差 E_n 表征炸点散布。对不同的国家或不同的武器，表示射弹散布或射击密集度的方法各有不同。

（2）散布密集界：为在射弹散布面上包含 70% 弹着点、对称且平行于散布轴的两条平行线间的区域，如图 1 – 3 所示。其宽度常用字母 C 表示，约为全散布宽度的 1/3，也有方向、高低和距离散布密集界之分。弹着平面上相互垂直的两个散布密集界交叉而形成的矩形称为中央半数必中界，其中约包含全部弹着点的 50%。理论分析证明 $C = 3.07E$，可以概略地认为 $C = 3E$。

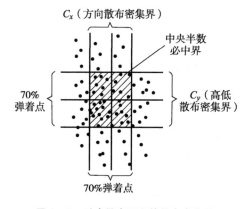

图 1 – 3　垂直散布面上的散布密集界

（3）散布圆半径或圆概率偏差（CEP）：散布圆半径常用于射弹较少或散布区域近于圆形的射击，如步枪、机枪对 300 m 以内目标的射击，或远距离地地导弹的射击。以平均弹着点为圆心，包含全部弹着点 50% 的散布圆的半径 R_{50} 称为圆概率偏差，亦称半数必中圆半径；包含全部弹着点 100% 的散布圆半径 R_{100} 称为全散布圆半径，如图 1-4 所示。在理论上 R_{100} 是无限大的，并不存在，故实际应用中常将包含全部弹着点 98.7% ~ 99.8% 的散布圆近似作为全散布圆。理论分析可以证明 $R_{50} = 1.75E$，$R_{100} = (2.5 ~ 3)R_{50}$。

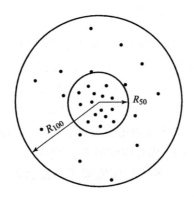

图 1-4　圆形散布面上的散布圆半径

射击精度都是由实际射击结合理论计算来确定的。提高弹药的射击精度，主要依靠采用先进的技术设备（如制导系统、火控系统等），改进武器弹药设计，保证制造质量，加强武器系统的维护保养，提高射表精度，减小外界因素（如气温、风、能见度、波浪、海流等）影响，以及提高指挥员和射手的射击训练水平等来实现。

1.3.4　安全性

弹药的安全性，既包括射击过程中的发射安全性，也包括弹药运输和勤务处理中的安全性。弹药的使用安全是极端重要的，必须绝对保证。为此，要求弹药设计制造必须做到：

（1）火工品和炸药能承受强烈振动而不自炸；

（2）引信保险机构确实可靠；

（3）内弹道性能稳定，膛压不超过允许值；

（4）弹丸发射强度足够，炸药所承受的最大应力不超过需用应力；

（5）药筒作用可靠。

1.3.5　经济性

在现代战争中，弹药已成为消耗量最大、花钱最多、后勤保障最为艰巨的问题。据资料报道，1965—1973 年，美军在越南战场上地面弹药（主要是炮弹）的总消耗量是 7.5×10^9 kg；而在 1991 年 42 天的海湾战争中就投弹近 5×10^8 kg，这显示出现代战争中的庞大弹药消耗。

在这种情况下，为提高经济性，既要求降低常规弹药的生产成本，也要求大力发展高效能的新弹药，以减少完成具体战斗任务的弹药消耗量。例如，发展带有制导的、具有单发毁伤能力的弹丸，即本来需要打几发或十几发，现在只要打 1 ~ 2 发就能毁伤目标的弹丸。

除此之外，要求弹药的结构工艺性好，便于采用新工艺，便于大量生产；要求原料的来源丰富，且价格低廉。

1.4　智能弹药主要特征及发展趋势

1956 年，以美国 Dartmouth 学院青年数学家 John McCarth 为主发起了 Dartmouth 会议，此次会议是人工智能（Artificial Intelligence）正式诞生的标志。直至今日，人工智能经历了 60 余年的发展，已经在信息识别、自主规划、智能控制、博弈（典型领域有象棋和围棋）、智能机器人、问题求解等关键技术上有了阶段性的成果，并应用于交通、金融、医疗、教育、服务等多个领域。可以说，人工智能已经成为最新兴的科学与工程领域之一，将人工智能思想与技术应用于自身的发展已经成为社会各领域的重要发展趋势，智能弹药导弹武器系统也不例外。

未来战场具有立体化、信息化、无人化、快响应等新的特点，打击目标繁杂、作战环境多变、数据信息海量、双方攻防对抗激烈。基于单一工况、打击固定目标的传统导弹武器已经越来越不能满足未来战争需求，以人工智能为核心的新一代智能弹药导弹武器系统正在孕育，引领世界军事实现从信息化到智能化的跨越。

智能弹药导弹武器系统是传统导弹智能化水平的拓展，是具备较高"思考"能力的杀伤武器，是将人工智能技术应用于军方指挥、作战体系、导航、制导与控制、战斗部等多个弹药导弹武器系统的分系统上，使弹药从探测、跟踪、寻的、突防到最后摧毁目标的整个作战过程实现局部自主性或完全自主

性。此类具有一定智能程度的弹药即为智能弹药，在这个过程中发挥作用的所有组元的集合即为智能弹药武器系统。

所谓智能弹药武器系统，就是要求它具有某种程度上模仿人类智能去作战的本领。具体地说，就是利用传感器（红外成像导引头、合成孔径雷达、毫米波雷达等）对战场信息进行智能探测和收集，分析获得的信息后，自主制定出正确的攻击策略和作战模式，并可以根据战场突发情况实时修正弹药的飞行路线，通过弹上智能分系统具体实现这一过程，从而实现只需给出打击目标，弹药便可以完全自主打击也就是智能打击的效果，具有此种智能打击目标过程的弹药武器系统就称为智能弹药武器系统。据公开资料报道，目前，智能弹药较多停留在概念和关键技术突破上，尚无产品列装。弹药的智能化改造为弹药的某一功能或某几个功能的智能化过程。一般来说，末敏弹药、制导弹药、弹道修正弹、巡飞侦察弹药等应属于此类弹药。

近年来，智能弹药得到了迅速发展，一方面是因为光电子技术、计算机技术、信息处理技术、原材料元器件技术、精密制造技术等的巨大进步给智能弹药的发展提供了强有力的支撑和推动，另一方面则是因为世界军事变革和战争形态的改变对智能改变和智能弹药提出了强烈的需求。美国是研发智能弹药投入最大、发展最快的国家，也是实战使用最多的国家。智能弹药战场上屡试不爽，表现出了卓越的效能。在不长的时间内美国连续发动的科索沃战争、伊拉克战争、利比亚战争中，没有见到大兵团作战和"弹雨"式的狂轰滥炸场面，取而代之的是利用空中优势，进行精确打击和定点清除。美国及其盟友几乎可以随心所欲地准确击毁他们感兴趣的任何目标，因此，战争进程之快、时间之短、伤亡之小出乎许多人的意料。由此可见，智能弹药的广泛应用不仅是现代战争形态变化的重要标志之一，而且也是决定战争最终胜负的关键因素之一。从这几场局部战争中，我们所受到的启发和警示是巨大的，那就是为适应可能发生的未来战争的需要并取得战争的主动直至最后胜利，必须加快发展我国的智能弹药。

未来的智能战争本质上是智能化技术和应用水平的较量，呈现由智能武器主动思考、主动决策、与指挥官平行工作等新模式。未来智能作战呈现出如下发展趋势：

（1）智能程度不断提高。

随着导弹武器系统智能化程度的不断提高，需要人员必须参与的过程越来越少。未来战争的形态就是指挥官发出打击目标指令或做出打击决策，其余的一切包括战场态势分析、作战方案选择、武器装备保障，都可以交给智能导弹武器系统自主处理。

（2）平行指挥特点鲜明。

战争始终是为人类服务的，完全脱离人的参与将失去战争的意义。智能导弹武器系统虽然在一定程度上实现了作战的自主性、灵活性、快速性和有效性，但服从人的可控作战依然是智能作战的底线。未来战场将呈现指挥员通过战场信息和态势模拟结果在场外进行指挥，智能导弹武器系统通过接收指令和分析战场态势，在内场完成智能武器装备实际作战指挥的平行指挥模式。

（3）打击效率不断提升。

智能化导弹武器系统具有在线群体智能运作能力，能够根据战场态势不断优化打击策略，根据环境变化不断调整打击方式，即使在局部受损或出现故障的情况下，依然能够智能容错，主动实现有限资源整合、在线任务重构和系统重构，实时以最优配置完成最优打击，大大提高可靠性和打击效率。

（4）战争成本严格控制。

智能技术在研发、试验、生产各环节都增大了资金投入，极可能出现一枚智能导弹是传统导弹价格的几倍甚至十几倍的现象，这样不仅严重制约了新式武器装备形成战斗力的能力，更增加了战争成本。因此，如何控制智能导弹武器系统的成本价格，并合理运用其特点打一场经济战争是未来的重要作战模式。

（5）非确定性攻防博弈更加激烈。

战争与围棋不同，没有确定的规则和战法。未来作战一定更加注重攻防策略的对抗，智能技术本身的发展空间可能存在上限，但如何更好地发挥智能导弹武器系统的能力则成为未来作战能否取胜的决定性因素。

基于以上战争特点，智能弹药发展趋势为：

（1）高效费比。

如何降低成本是智能弹药研发的关键问题。此外，缩短弹长和减小弹的质量，以便实现智能弹药的自动装填和运输，提高其快速反应能力，也是提高其战斗力的重要方面。

（2）新型战斗部。

采用多目标（主要包括先进的主战坦克、各种装甲车辆、直升机、低空飞行器、碉堡、掩体、建筑物等多种目标）战斗部和智能可编程电子引信，具有引爆多目标的能力，可实现根据所要攻击目标的不同类型，以不同的方式引爆战斗部；为了摧毁带有反爆装甲的复合装甲，采用双级或多级串联聚能装药战斗部。串联战斗部在命中目标时先由前端小型战斗部击毁反爆装甲，接着再由主战斗部击毁坦克主装甲。

（3）远射程。

第一，采用减小阻力的头部外形和增设底排装置或在导引头外部增加可抛弃的头锥部；第二，增大弹翼面积，使弹道滑翔段更长；第三，采用复合双基推进剂火箭发动机、固体冲压发动机或其他高性能发动机，使其具有高比冲、高密度、力学性能好等特点，使射程增加到几百千米。

（4）复合制导。

综合分析智能弹药的发展趋势可以发现，在弹药的精度、射程、威力三大指标中，精度问题越来越显得突出和重要。第一，采用攻击坦克顶部装甲的掠飞式或俯冲式攻击方式，提高智能弹药的破甲威力；第二，在战场对抗层次越来越多、对抗手段越来越复杂的情况下，智能武器采用单一寻的制导方式已不能很好地完成作战使命。因此可采用电视制导、激光制导、毫米波雷达制导和红外成像制导等双模或多模复合制导模式。复合制导技术是当前世界各国的研究热点。

|1.5　智能化改造原则|

（1）最大限度沿用弹药原有部件。

智能化弹药升级改造后，其主要作战用途仍然为歼灭敌有生力量、摧毁工事或者装甲目标等，其结构组成相对于常规弹药来说主要部件将保持不变，例如战斗部或者发动机等，为有效利用资源，在弹药的智能化升级改造过程中应尽可能沿用弹药原有部件。

（2）最大程度沿用弹药原有发射平台。

弹药升级改造后，其打击精度、毁伤效能将大大提高，针对该弹种专门研制新的发射平台存在客观实际困难，智能弹药在升级改造方案制定过程中，要充分考虑如何使得该新弹种适应原有平台，并尽可能地保持作战使用流程和发射流程基本不变。

（3）最大程度提高战术技术指标。

（4）模块化，通用化，系列化。

（5）经济性好。

第 2 章

榴弹智能化改造

榴弹是弹丸内装有猛炸药,主要利用爆炸时产生的破片和炸药爆炸的能量以形成杀伤和爆破作用的弹药的总称。"榴弹"只是一种传统的说法,过去常将杀伤弹、爆破弹和杀伤爆破弹统称为榴弹。本章主要针对线膛火炮发射的旋转稳定榴弹的智能化改造进行介绍,在介绍常规榴弹发展历程、分类、基本结构及弹丸外形的基础上,探讨旋转稳定榴弹智能化改造采用的引信弹道修正技术。

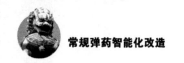

|2.1 常规榴弹概述|

2.1.1 常规榴弹发展历程

榴弹的发展以杀伤爆破榴弹（简称"杀爆弹"）最为典型突出，本节以旋转稳定杀爆弹为例，说明杀爆弹的发展演变过程。杀爆弹是弹药家族中最为活跃的弹种之一。自 19 世纪中叶发明线膛炮发射长圆柱形杀爆弹以来，为追求"远射程、高精度、大威力"的弹药三大发展目标，杀爆弹经历了以下几方面的演变：

1. 弹体外形的演变

弹体外形的演变以提高弹药射程为目标，其演变过程为从平底远程型弹形、底凹远程型弹形、枣核弹形、底排弹，最终发展到复合增程弹，经历了五个发展阶段。早期的杀爆弹受到弹丸设计理论和火炮发射技术的限制，设计成平底短粗形状。全弹的长度通常不超过 5 倍弹径，头弧部长度远小于圆柱部长度。短粗的弹形制约了射程的提高。

20 世纪初，杀爆弹的体形开始演变为平底远程型，全弹长度已超过 5 倍弹径，头弧部长度大于圆柱部长度，射程有了提高。这种弹形已成为中大口径杀爆弹的制式弹形。20 世纪 60 年代，杀爆弹出现了外形与平底远程型相似的底凹远程型弹形。由于弹底部存有圆柱形底凹，所以较好地匹配了弹丸的阻心与质心位置，全弹长度超过 5.5 倍弹径，射程有了进一步的提高。

20 世纪 70 年代，杀爆弹出现了俗称"枣核弹"的第二代底凹远程型弹形。除了保留底凹结构外，其外形也有几处较大的变化：头弧部长度接近 5 倍弹径；圆弧母线半径大于 30 倍弹径；圆柱部长度不足 1 倍弹径；全弹长度已超过 6 倍弹径。在尖锐的头弧部上通常安装 4 片定心块来解决"枣核"弹形的膛内定心问题。该弹形通常与底部排气（简称底排）减阻增程技术或底排 - 火箭复合增程技术配合使用，可获得极佳的增程效果。

2. 增程方式的演变

增程方式的演变以扩大增程效果为目标。仅通过弹形的改变提高杀爆弹的射程，增程效果是有限的。实际上弹形的演变是与相应的增程技术同步发展并成熟起来的。

20 世纪 70 年代，底排减阻增程技术在杀爆弹的平底远程型弹形上获得成功应用，增程效果达到 30% 以上。20 世纪 80 年代，底排减阻增程技术在杀爆弹的"枣核"弹形上也获得成功应用，使杀爆弹跻身于现代远程压制主用弹药之列。

20 世纪 90 年代以来，底排减阻增程技术和火箭助推增程技术集中应用在 155 mm、130 mm 口径杀爆弹的平底远程型弹形或"枣核"弹形上。由于充分发挥了底排增程和火箭增程的潜能，155 mm 底排 - 火箭复合增程弹的最大射程突破了 50 km，130 mm 底排 - 火箭复合增程弹最大射程已突破 45 km，大幅拓展了炮兵作战的纵深，成为新型远程弹中的宠儿。

3. 破片形式的演变

破片形式的演变以提高杀伤威力为目标。杀爆弹弹体爆炸后自然形成大量破片，其飞散速度可达 900 ~ 1 200 m/s。早期的杀爆弹主要是利用破片动能实现侵彻性杀伤。由于自然破片形状与质量的无规律性，破片速度衰减得相当快，限制了杀爆弹的有效杀伤范围。

随之而来的改进措施是，将预定形状与质量的钢珠、钢箭、钨球、钨柱等预制破片装入套体，安装在杀爆弹弹体的外（或内）表面。杀爆弹爆炸后，预制破片与自然破片共同构成破片杀伤场。由于预制破片飞行阻力的一致性，带预制破片的杀爆弹将在设定的范围内有较密集的杀伤效果，全弹的杀伤威力有较大程度的提高。

进一步的改进措施是，根据爆炸应力波的传播规律，在弹体外（或内）表

面上按照预先设计刻出槽沟，从而在杀爆弹弹体爆炸后产生形状与质量可控的破片；也可以采用激光束或等离子束等区域脆化法，在弹体的适当部位形成区域脆化网纹，从而确保弹体在爆炸后按照预定的规律破碎，产生可控破片。

4. 炸药装药的演变

炸药装药的演变以提高杀伤、爆破威力为目标。炸药类型和爆轰能、弹丸炸药装填系数和装药工艺等，直接影响着杀爆弹的威力和对目标的毁伤效果。对于同样的弹体，将 TNT 炸药改为 A – IX – 2 炸药后，对目标的毁伤效能会有显著的提高。同样，B 炸药和改 B 炸药应用到杀爆弹中，杀爆弹的杀伤威力和爆破威力均会有很大程度的提高。

5. 弹体材料的演变

弹体材料的演变以提高杀伤、爆破威力为目标。杀爆弹早期使用 D50 或 D60 弹钢材料，目前基本上由 58SiMn、50SiMnVB 等高强度、高破片率钢材所取代。这些新型炮弹钢与高能炸药的匹配使用，使杀爆弹的综合威力得到显著提高。

2.1.2　常规榴弹的种类

1. 按作用原理分

（1）杀伤榴弹：侧重杀伤效能的榴弹；
（2）爆破榴弹：侧重爆破效能的榴弹；
（3）杀伤爆破榴弹：兼顾杀伤、爆破两种效能的榴弹。

2. 按对付的目标分

（1）地炮榴弹：用以对付地面目标的榴弹；
（2）高炮榴弹：用以对付空中目标的榴弹。

3. 按发射平台分

（1）一般火炮榴弹；
（2）迫击炮榴弹；
（3）无后坐力炮榴弹；
（4）枪榴弹；
（5）小口径发射器榴弹；

（6）火箭炮榴弹；

（7）手榴弹。

4. 按弹丸稳定方式分

（1）旋转稳定榴弹；

（2）尾翼稳定榴弹。

2.1.3 常规榴弹的基本结构

1. 榴弹基本结构

榴弹弹丸由引信、弹体、弹带、炸药装药和稳定装置等组成，如图 2 - 1 所示。图 2 - 1 中，L 为弹丸长度，L_n 为弹头部长度，L_h 为弹壳头部长度，L_y 为圆柱部长度，L_w 为弹尾部长度。

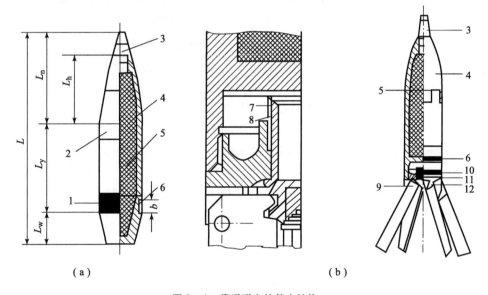

（a）　　　　　　　　　　　　　　　（b）

图 2 - 1 榴弹弹丸的基本结构

（a）54 式 122 mm 榴弹；（b）73 式 100 mm 滑膛炮榴弹

1—下定心部；2—上定心部；3—引信；4—弹体；5—炸药；6—弹带；

7—辊花；8—剪切环；9—曳光环；10—活塞；11—尾翼座；12—销轴

1）引信

榴弹主要配用触发引信，具有瞬发、惯性和延期三种装定模式，在需要时也可配用时间引信和近炸引信。

2）弹体

弹体的结构可分为两类：整体式和非整体式。非整体式弹体由弹体和口螺、底螺组成。为确保弹体具有足够的强度，通常要求弹体采用强度较高的优质炮弹钢材，最常用的是 D60 或 D55 炮弹钢（高碳结构钢）。其加工方法，对大、中口径弹体是由热冲压、热收口毛坯车制成型，而小口径弹体一般由棒料直接车制而成。也有部分弹体如 37 mm 和 57 mm 高射炮榴弹则采用冷挤压毛坯精车成型的办法，其材料为 S15A 或 S20A 冷挤压钢。只有极少数弹体使用高强度铸铁制造。

3）弹带

采用嵌压或焊接等方式固定在弹体上。为了嵌压弹带，在弹体上车出环形弹带槽，槽底辊花或在环形凸起上铲花，以增加弹带与弹体之间的摩擦，避免相对滑动。弹带的材料应选用韧性好、易于挤入膛线、有足够强度、对膛壁磨损小的材料，过去多采用紫铜，也有用镍铜、黄铜或软钢的。近年来，已有许多弹丸用塑料做弹带。现在出现的新型塑料，不仅能保证弹带所需的强度，而且摩擦系数较小，可减小对膛线的磨损。据报道，其他条件不变，改用塑料弹带可提高身管寿命 3～4 倍，如美 GAU8/A 30 mm 航空炮榴弹即采用尼龙弹带。

弹带的外径应大于火炮身管的口径（阳线间的直径），至少应等于阴线间直径，一般均稍大于阴线间直径，此稍大的部分称为强制量。因此弹带外径 D 等于口径 d 加 2 倍阴线深度 Δ 再加 2 倍强制量 δ，即

$$D = d + 2\Delta + 2\delta \qquad (2-1)$$

强制量能够保证弹带确实可以密封火药气体，即使在膛线有一定程度的磨损时仍起到密封作用。强制量还可增大膛线与弹带的径向压力，从而增大弹体与弹带间的摩擦力，防止弹带相对于弹体滑动。但强制量不可过大，否则会降低身管的寿命或使弹体变形过大。弹带强制量一般在 0.001～0.002 5 倍口径之间。

弹带的宽度应能保证它在发射时的强度，即在膛线导转侧反作用力的作用下，弹带不至于破坏和磨损。在阳线深度一定的情况下，弹带宽度越大，则弹带工作面越宽，因而弹带的强度越高。所以，膛压越高，膛线导转侧反作用力越大，弹带应越宽；初速越大，膛线对弹带的磨损越大，弹带也应越宽。弹带越宽，被挤下的带屑越多，挤进膛线时对弹体的径向压力越大，飞行时产生的飞疵也越多，所以弹带超过一定宽度时，应制成两条或在弹带中间车制可以容纳余屑的环槽。根据经验，弹带的宽度以不超过下述值为宜：小口径≤10 mm；中口径≤15 mm；大口径≤25 mm。

弹带在弹体上的固定方法因材料和工艺而异，对金属弹带，主要是机械力

将毛坯挤压入弹体的环槽内。其中小口径弹丸多用环形毛坯，直接在压力机上径向收紧使其嵌入槽内（通常为环形直槽），中、大口径弹丸多用条形毛坯，在冲压机床上逐段压入燕尾弹带槽内，然后把两端接头碾合收紧。挤压法的共同特点是在弹体上需要有一定深度的环槽，从而削弱了弹体的强度。为保证弹体的强度，在装弹带部位必须做得特别厚，这样又影响了弹丸的威力。近年来发展了焊接弹带的方法。使用焊接弹带，弹体上无须深槽，可使壁厚更均匀。至于塑料弹带，除了可以塑压接合外，还可以使用黏接法。

4）炸药装药

弹丸内的装药为炸药，它通常是由引信体内的传爆药直接引爆的，必要时在弹口部增加扩爆管。在杀伤榴弹的铸铁弹体内装填代用炸药阿马托时，口部要加入一定的梯恩梯，以起防潮作用。榴弹经常采用的炸药为梯恩梯和钝化黑铝炸药，在现代大威力远程榴弹中也采用高能的 B 炸药。梯恩梯炸药通常用于中、大口径榴弹，采用压装工艺，将炸药直接压入药室，并通过螺杆上升速度来控制炸药的密度分布。钝黑铝炸药一般用在小口径榴弹中，先将炸药压制成药柱，再装入弹体。

5）稳定装置

发射的弹丸除了靠自身的旋转来维持其飞行稳定性外，还可以靠尾部的尾翼稳定装置来稳定。尾翼稳定装置是指弹丸上用以使压心后移，从而使弹丸飞行稳定的装置。尾翼安装在弹丸重心之后，在出现章动角时，能增大弹丸后部的空气阻力，从而使空气阻力中心位于弹丸重心之后形成稳定力矩。

尾翼按其是否能张开可分为固定式尾翼和张开式尾翼两种，张开式尾翼又可分为前张开式和后张开式两种。

2. 弹丸外形

1）外形

弹丸外形为回转体，头部成流线型。全长可分为 3 部分：弹头部（L_n）、圆柱部（L_y）和弹尾部（L_w），如图 2 - 1 所示。弹头部是从引信顶端到上定心部上缘之间的部分。弹丸以超声速飞行时，初速越高，弹头部激波阻力占总阻力的比重越大。为减小波阻，弹头部应呈流线型，要增加弹头部长度和弹头的母线半径使弹头尖锐。常把引信下面这段弹头部称为弧形部。某些低初速、非远程弹丸的弹头部形状为截锥形加圆弧形；有的小口径弹丸的弹头部形状为截锥形。

圆柱部是指上定心部上边缘到弹带下边缘部分。圆柱部越长，炸药装药越多，有利于提高威力，但圆柱部越长，飞行阻力越大，影响射程，二者应

兼顾。

弹尾部是指弹带下边缘到弹底面之间的部分。为减小弹尾部和弹底面阻力，弹尾一般采用船尾形，即短圆柱加截锥体。尾锥角为 6°~9°定装式炮弹弹丸的弹尾部全部伸入到药筒内，在弹尾圆柱上预制两个紧口槽，以便与药筒碾口部结合。因此定装式榴弹的弹尾部要比分装式长些。

2）定心部

定心部是弹丸在膛内起径向定位作用的部分。为确保定心可靠，应尽量减小弹丸和炮膛之间的间隙，但为使弹丸顺利装入炮膛，间隙又不能太小。通常弹丸具有上、下两个定心部。某些小口径榴弹，往往没有下定心部，依靠上定心部和弹带来径向定位。

3）导引部

上定心部到弹带（当下定心部位于弹带之后时，则为上定心部到下定心部）的部分称为导引部。在膛内运动过程中，导引部长度就是定心长度，因此，其长度影响着弹丸膛内运动的正确性。

|2.2 智能榴弹发展现状|

2.2.1 智能弹药的概念

智能弹药作为弹药的一种，更强调"精确命中""精确毁伤"与"功能的多样性"，其作战任务使命、作战使用方式、毁伤效能、技术架构和复杂程度等多方面具有显著特点。与传统弹药相比，智能弹药除具有在发射前后的适宜阶段上通过人工干预或者自动控制等手段实现状态和行为改变的"技能"之外，同时具有自身状态或行为感知、目标感知和识别、探测与指导、弹道与攻击方式选择、毁伤模式与毁伤时机的决策等一种或多种"智慧"，即战场上攻防对抗的博弈。

广义地讲，智能弹药包括所有能根据作战任务需要自主或接收外部指令改变弹道轨迹，且在外弹道某段（包括全程弹道）或在目标区具有探测与感知、导引与控制能力的弹药。狭义地讲，智能弹药仅指根据作战任务需要自主改变弹道轨迹，且在外弹道某段（包括全程弹道）或在目标区具有探测与感知、识别与跟踪、导引与控制、分析与决策等能力的弹药。狭义智能弹药通常具有发射后不管、自主规划或优化弹道、自主识别目标种类和跟踪目标、自主选择目标薄弱环节和攻击模式、自主选择毁伤策略等高级智慧。目前的弹道修正弹药、激光驾束制导弹药等均不属于狭义范畴的智能弹药。

如未加特别说明,本章后续提到的智能弹药均指广义范畴的智能弹药。与传统弹药相比,智能弹药具有以下特点:

(1)具有主动改变弹道的能力。由于传统炮弹或火箭弹没有舵机等执行机构,无法为弹道改变提供灵活的操纵力。有些弹丸有翼片,但这些翼片主要是为弹丸提供升力或增强弹丸稳定性。有些弹丸没有翼片,而是直接利用弹丸高速旋转的陀螺效应来增强稳定性。如果不考虑环境的干扰(如横风、云雾等),理论上传统弹丸发射后,便确定了其弹道和落点,弹丸的命中精度完全取决于发射前的弹道计算及环境干扰的预测,属于典型的开环控制系统,弹丸不具备主动改变弹道来适应环境变化和目标位置变化的能力。

智能弹药实际上由弹道环境和目标位置共同组成了一个大的闭环控制系统。当智能弹药探测到弹道偏离或目标偏离时,会主动通过执行机构动作来改变弹道,从而减小误差,提高命中精度。

值得一提的是,反坦克智能雷或反直升机智能雷是一种十分特殊的智能弹药,为了提高响应时间和穿透能力,智能雷大多采用金属爆炸成型弹丸,其主动改变弹道的能力是靠智能雷改变射流的方位来实现的。

(2)具有弹道定位与定向能力或目标定位与定向能力。传统弹药中最"智能"的部分就是引信。根据 GJB 373A—1997《引信安全性设计准则》的要求,在引信解除保险过程需要检测或探测两个以上(含两个)的独立环境信号。传统引信常用环境信息包括脱机信号(弹丸是否脱离载机、火炮等武器平台),弹丸发射后坐力,弹丸旋转离心力,弹丸发射或抛撒后的时间延迟、弹道风速等。传统引信解除保险过程中的这种探测只能感知弹丸发射后环境信息的存在或弹道的存在,目的是有效区分勤务处理和作战使用两种状态,而不能对弹道进行精确的定位和定向,即不具有弹道探测与感知能力。

此外,传统弹药为了提高毁伤效能,在引信起爆控制过程中还需要探测、计算并确定最优炸点。例如,近炸引信需要探测弹丸距离地面的高度,侵彻引信需要探测弹丸进入目标的深度等。传统引信起爆控制过程中的这种探测只能模糊地感知目标的存在区域、距离目标的距离和进入目标的深度等单一信息,无法精确获取目标的定位和定向信息。

智能弹药必须具有弹道定位和定向或目标定位和定向能力,目的是为弹道的改变提供依据,因此弹道定位和定向或目标定位和定向的准确性直接关系到命中精度。

(3)具有导航导引与控制能力。传统弹药由于是开环系统,因此不需要

弹道跟踪或目标跟踪，因此也就没有导航导引与控制能力，即制导能力。

导航是引导弹丸安全准确地命中目标的过程，导航的基本功能是确定弹丸在哪儿、弹丸要去哪儿、弹丸如何飞行才能命中目标。导引是导航的一种特殊形式，仅指在末段弹道通过探测、感知、识别和跟踪目标来实现命中目标的过程。导航过程中，弹丸飞行控制系统通过卫星定位、惯性测量单元等传感器信息，结合相关飞行控制算法生成飞行控制指令，并通过控制执行机构动作实现弹丸姿态和弹道轨迹的改变。

智能弹药导航可以是全弹道导航，也可以从弹道中间某点开始导航，与导引跟踪目标不同，导航主要是跟踪预设的理想弹道轨迹或飞行控制系统自主生成的弹道轨迹。智能弹药的导航导引与控制功能是"智能"的集中体现，其高级阶段将是完全自主的飞行与完全自主的跟踪打击。

近年来，国内外飞速发展的智能弹药主要是指利用现有的常规武器平台，在原有传统常规弹药的基础上发展相适应的，具有一定"智能"和弹道改变能力的弹药，可称其为常规弹药的智能化改造。在常规弹药智能化改造的过程中，必要时可以对平台进行适应性改造，比如在火炮、火箭炮、飞机等平台上发展自寻的末制导弹药、末敏弹药、巡飞侦察打击一体化弹药等。常规弹药智能化改造的发展主要体现在以下五个方面：

（1）不需要研制新的武器平台，可以大量减少研制和装备费用，缩短研制周期，提高武器平台的使用效率。

（2）由于充分考虑了智能弹药与原武器平台的适应性，因此在很多情况下，与火力配系相关的射程可以主要通过平台来保证，而不需要像传统导弹那样完全靠自身动力装置来保证。例如，火炮发射的智能弹药，在需要增加射程时，可以采取某些增程措施，此时付出的代价要小得多，也更有利于实现"精确面打击"。

（3）利用制式炮弹、火箭弹、航弹、航空布撒器以及导弹等作为载体（母体）运送智能子弹药（也称制导子弹药）。此类子母式智能弹药本质上是更换母弹的战斗部，解决好子弹药与母弹的兼容性和适配性，从而保证新弹的飞行特性总体上与原弹一致性。显而易见，智能子弹药的主要任务是"精确命中""精确毁伤"和"多目标打击"。国内外实践证明，这是一条既经济又有效的发展途径，也是传统集束弹药发展的有益补充和未来趋势。

（4）智能弹药将传统弹药技术与光电子技术、计算机技术、导航定位技术、目标探测识别技术、控制技术等相结合，继承和保留了传统弹药的诸多优良特性（例如火炮、火箭炮的齐射特性，此时智能弹药同样可以形成迅猛而密集的火力），在准确打击多个点目标的同时，又具有与传统弹药一样的压制功能，使用方便，反应迅速，射击时只需要与传统弹药一样的装定射击诸元。有些智能弹药甚至还保留了传统弹药的基本结构，例如某些制导航弹，只在原弹上安装修正装置和制导模块；多数情况下，智能弹药与传统弹药一样不需要日常维护。

（5）在多种平台上，采用多种技术，发展用途和性能各异、优势互补的智能弹药，从而在战时为指挥员提供了更多的选择和保障。

2.2.2 智能榴弹发展现状

本章介绍的智能榴弹主要是指采用线膛火炮发射的旋转稳定榴弹。

当前，智能榴弹主要是指在常规线膛火炮发射平台不变，甚至使用维护都不变的情况下，在已有常规弹药之外增加的智能弹药，其研发方式主要包括新研和智能化改造。

智能榴弹的新研即为现有火炮平台研制新型智能弹药，其代表为美军装备的 M982 "神剑" 制导炮弹，如图 2-2 所示。"神剑" 制导炮弹采用卫星/惯性组合导航进行弹道探测，采用鸭舵为执行机构，进而进行弹道修正控制，射击精度 CEP 不大于 3.8 m。"神剑" 制导炮弹采用减旋技术降低了弹体转速，以达到鸭舵与弹体转速适配的目的，该型弹药实质是线膛火炮发射的尾翼稳定弹。

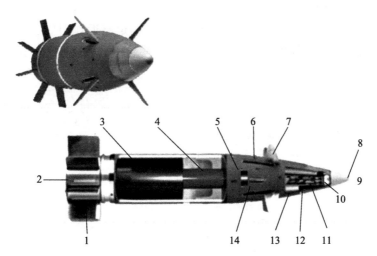

图 2-2 M982 "神剑" 制导炮弹

1—旋转尾翼；2—底排装置；3—战斗部；4—引信安保；5—惯性测量单元；6—舵机；

7—GPS 接收机；8—炸高探测器；9—弹上计算机；10—感应装定模块；

11—抗干扰模块；12—GPS 天线；13，14—热电池

常规榴弹的智能化改造是研制智能榴弹的另一重要途径，主要采用引信弹道修正技术。引信弹道修正技术是指在引信常规安全与解除保险和发火控制功能的基础上，增加弹道参数测量、控制和执行装置，在遵循弹药原有射击操作过程且保证弹丸稳定飞行前提下对其飞行弹道进行适当调整，从而减小弹丸落点散布，提高弹丸射击精度的一项技术。通过引信实现弹道修正进而实现弹丸炸点三维控制，是引信功能的自然延伸，并称这种引信为弹道修正引信。从射击精度的角度可将弹道修正引信分为一维弹道修正引信和二维弹道修正引信。一维弹道修正引信指仅能降低弹丸射击纵向散布的弹道修正引信；二维弹道修正引信指既能降低射击纵向散布，又能降低射击横向散布的弹道修正引信。

1. 一维弹道修正引信

一维弹道修正引信采用阻力环作为其执行机构。在弹丸飞行过程中，通过展开阻力环，增大弹丸与空气的接触面积，进而增大弹丸的空气阻力。因此，一维弹道修正引信可以通过瞄远打近的方式对弹丸落点进行纵向修正，达到提高射击精度的目的。主要代表为SPACDIO引信和欧洲修正引信（ECF）。

SPACIDO引信由德国和法国合资组建的荣汉斯微系统技术公司研制，其是一个以炮口测速雷达（MVR）测得的炮弹初速为基础进行弹道估计，并由MVR将射程修正命令传送的引信。采用火控系统解算阻力器展开时间指令，通过遥控技术把指令由火控系统传输到炮弹，从而使炮弹减速修正射程，如图2-3所示。这种弹道修正系统由安装在弹头部的定高近炸引信及集成在其中的气动阻力器、可编程器件，以及安装在武器平台上的初速雷达、指令发射装置组成。SPACIDO在射程较远时，能够使弹药的射击精度提高4倍以上。

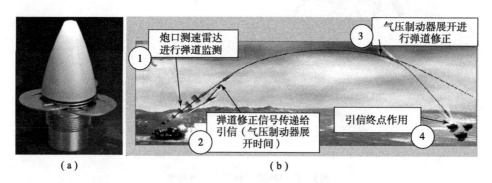

（a）　　　　　　　　　　　（b）

图2-3　SPACIDO弹道修正引信

ECF是德国和法国合资荣汉斯微系统技术公司联合英国BAE系统公司及

其瑞典分部（GCSW）合作研制的，是基于 C/A 码 GPS 接收机进行弹道估计。采用卫星测量弹道，并据此预测炮弹射程，与装定的目标射程进行对比，计算出偏差量，由此得到引信上的阻力装置展开的时间，从而使炮弹减速修正射程，如图 2 - 4 所示。其是一种炮兵通用近炸卫星定位射程修正引信，用于提高 105 ~ 155 mm 常规炮弹射击精度。其特点是打了不用管，较雷达指令式精度高。

图 2 - 4　欧洲修正引信（ECF）

2. 二维弹道修正引信

依据二维弹道修正引信执行结构可分为三种模式：CCF 模式、固定鸭舵模式和可动鸭舵模式。

1）CCF 模式

CCF 模式以 BAE 系统公司提出的弹道修正引信（Course Correcting Fuze，CCF）为代表，射程修正通过增阻减速法实现，横向偏差修正通过弹丸减旋实现。其原理如图 2 - 5 所示，由 4 个旋转减速板和 2 个阻力器组成。飞行试验结果表明，在射程为 45 km 左右时，弹丸落点的圆概率误差（CEP）可以达到 50 m 甚至更低。CCF 模式利用高旋弹道偏流的特点进行弹道修正，而在纵向修正方面，采用"瞄远打近"的控制策略。

2）固定鸭舵模式

固定鸭舵模式以美国阿联特技术公司研发的精确制导组件（Precision Guidance Kit，PGK）为代表，如图 2 - 6 所示。其头部引信通过旋转控制连接器连

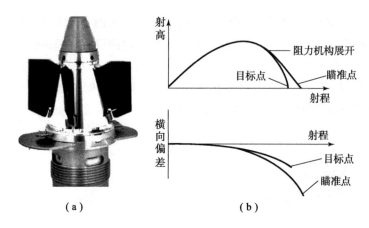

（a）　　　　　　　　　　　　　（b）

图 2 - 5　CCF 及其二维弹道修正原理

接到弹体上，弹体部分和引信部分可以相对转动。引信上固定两对气动翼面，其中一对的安放方式使得炮弹飞行时引信部分相对弹体反方向旋转，另一对的安放方式使炮弹头部旋转时对炮弹飞行没有实际影响，但当头部在旋转控制连接器作用下减慢旋转速度并相对大地坐标系停留在某一确定转角位置时，它们就会对头部产生一个力矩和一个侧向力，从而实现对炮弹的二维弹道修正。

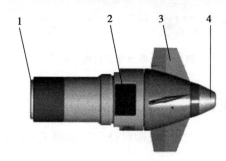

图 2 - 6　PGK 示意图

1—传爆药；2—GPS 天线；3—舵片；4—高度传感器

3）可动鸭舵模式

可动鸭舵模式以以色列罗卡公司研制的"银弹"（SILVER BULLET）弹道修正引信为代表，如图 2 - 7 所示。"银弹"适用于 155 mm 炮弹，采用双旋结构，引信修正执行机构为位于引信头部的大小两对可动鸭舵，其中一对为差动舵片，产生导转力矩以保持引信头部处于低速旋转或停转状态；另外一对为操纵舵片，产生修正力矩以实现弹道修正。引信后部与弹体固连。"银弹"采用 GPS/INS 制导，无线感应装定，能够实现触发、延时和近炸多种起爆功能。弹丸出炮口 10 s 后开始修正，最大修正能力为射程的 2% ~ 4%。落点 CEP 指标为 20 m，实测小于 10 m。

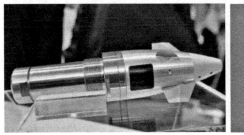

（a）　　　　　　　　　　　（b）

图 2 - 7　罗卡公司的"银弹"精确制导组件

此外，英国 UTC 宇航系统公司与南非丹尼尔公司联合研制名为 AcuFuze 的精确制导引信（图 2 - 8）、以色列航空工业公司（IAI）推出了尖端火炮 Top-Gun 双旋二维弹道修正引信（图 2 - 9）等均采用了可动鸭舵模式。

图 2 - 8　AcuFuze 精确炮兵引信

（a）　　　　　　　　　　　（b）

图 2 - 9　以色列航空工业公司的 TopGun

当前，采用二维弹道修正引信进行旋转稳定榴弹的弹道修正控制已经成为世界主流，本章将主要针对二维弹道修正引信进行弹道修正控制的智能榴弹进行介绍。

|2.3 智能榴弹工作原理|

本节及后续章节主要针对采用引信二维弹道修正技术的智能榴弹进行介绍。引信二维弹道修正技术是指通过弹丸飞行弹道射击纵向和横向两个方向的修正提高弹丸纵向和横向射击精度的技术。

智能榴弹工作原理如图 2-10 所示。智能榴弹通过弹道探测装置测量弹丸位置姿态信息、目标位置或两者之间的相对运动信息，弹上计算机或制导站依据制导律和弹道信息生成控制信号，并控制执行机构动作，进而改变弹丸运动姿态来改变弹丸受力，实现弹道修正控制。二维弹道修正引信除包含常规引信组件等外，还搭载了卫星导航、惯性导航等弹道探测装置、弹上计算机和固定鸭舵或可动鸭舵等执行机构，替换榴弹原有引信即可实现其智能化改造。弹上计算机获取卫星导航数据或惯导数据后，依据制导律生成控制指令，控制执行机构动作，进而实现弹道修正。

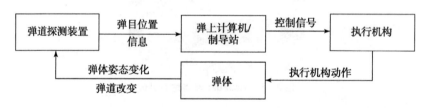

图 2-10 智能榴弹工作原理

本节以固定鸭舵式二维弹道修正引信为例，介绍智能榴弹工作原理。弹丸发射前，确定炮位、目标点三维坐标，以及发射诸元、气象诸元参数。发射后，热电池激活，卫星定位接收机对卫星信号进行捕获、定位。卫星定位接收机正常定位后，进行弹道辨识和落点预测，与装定落点坐标进行比较，形成偏差量，控制执行机构动作，产生修正力从而改变弹丸飞行弹道。经多次修正后，使弹丸以较高精度对目标进行攻击。

|2.4　智能榴弹的构造与作用|

本节以安装固定鸭舵式二维弹道修正引信的智能榴弹为例介绍其构造与作用。

2.4.1　榴弹结构布局

固定鸭舵式二维弹道修正引信替换常规榴弹原有引信即可实现其智能化改造，安装固定鸭舵式二维弹道修正引信的某型智能榴弹实体模型如图 2 – 11 所示。

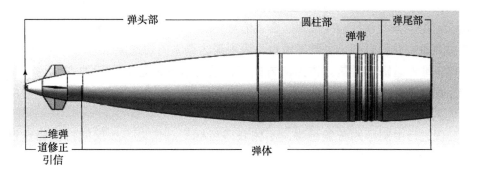

图 2 – 11　安装固定鸭舵式二维弹道修正引信的某型智能榴弹实体模型

该型智能榴弹弹体结构与 2.1.3 节中常规榴弹相同，弹体外形上仅二维弹道修正引信外露部分不同。二维弹道修正引信外露部分模型如图 2 – 12 所示。

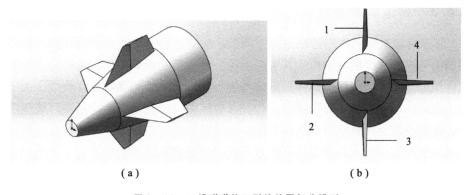

（a）　　　　　　　　　　　　（b）

图 2 – 12　二维弹道修正引信外露部分模型

1，3—差动舵；2，4—操纵舵

该型智能榴弹飞行过程中，弹体右旋（从弹尾向弹头方向看），而固定鸭舵通过轴承实现了与弹体间的滚转隔离，并通过差动舵在来流作用下产生的导转力矩使固定鸭舵左旋。操纵舵舵偏角同向，用于产生操纵力进行弹道修正。差动舵与操纵舵舵偏角和舵片面积相同，舵偏角均为4°。

2.4.2 弹道测量系统

弹道测量系统的作用是采用不同的测量技术，测量弹丸实际飞行过程中的位置及姿态信息、目标的位置或两者之间的相对运动信息，为弹道解算提供数据。

中制导段，当前智能榴弹大多采用卫星导航、惯性导航或两者组合导航进行弹道测量。弹载卫星导航具有长航时、定位精度高的优点，但容易受电磁干扰，且仅能提供弹丸飞行的速度位置信息；惯性导航具有抗干扰能力强的优点，可提供弹丸飞行速度位置、姿态信息，但定位误差随时间延长而累加，且姿态测量有量程限制。中制导段也可采用雷达探测的弹道测量方式，如SPAC-IDO一维弹道修正引信。该探测方式下，采用雷达设备对飞行的弹丸进行跟踪，测量其速度、位置信息，可获得高精度弹道信息，但该方式不利于陆军战场的武器系统的战场生存。

仅进行中制导的智能榴弹，不能获得目标运动信息，故仅能打击固定目标。为使智能榴弹实现对移动目标进行精确打击，需加装末制导。可采用的末制导体制包括激光半主动制导、图像制导、雷达制导等多种方式。智能榴弹的末制导仍在研究过程中，目前尚无研制完成的报道。

本节介绍的某型智能榴弹采用卫星导航技术体制，其双天线安装位置如图2-6所示，卫星接收机安装在引信体内部。

2.4.3 弹道解算系统

弹道解算系统的作用是根据弹道测量系统测量的弹道信息和制导律，解算控制信号控制执行机构动作，其实际上是一套专用的计算系统，由计算设备和软件组成。大多智能榴弹的弹道解算系统由弹上计算机和飞控软件构成。由于弹上空间狭小，弹上计算机需微型化并具有抗高过载能力，为满足实时处理需求，还需要弹上计算机对输入信息能以足够快的速度进行处理，并在要求的时间内做出反应。对于采用雷达探测方式进行弹道测量的智能榴弹，其弹道解算由地面火控计算机完成，其解算时间和精度较容易满足要求。

某型智能榴弹的弹道解算系统包括弹上计算机和飞控软件，弹上机安装在引信体内部。

2.4.4　修正执行机构

固定鸭舵式执行机构如图 2 – 13 所示。固定鸭舵位于引信头部，由舵部件和引信体两部分组成，二者通过一对轴承连接，分为前轴承和后轴承，以保证舵部件和引信体之间能相对转动。引信体能旋入弹丸接口螺纹。对于线膛炮，弹丸发射出炮口后，引信体随弹丸同向、同速旋转。舵部件表面安装了一组固定气动舵面，舵偏角设置为差动形式，在弹丸飞行时能提供导转力矩克服轴承的摩擦力使舵部件相对弹丸反旋。第二对为操纵舵面，舵偏角方向一致，以提供操纵力。当产生操纵力需要对弹丸进行弹道修正时，舵部件通过控制可处于相对地面静止的某一角度，产生操纵力和操纵力矩，进而改变弹体姿态和受力，最终改变弹丸飞行方向。

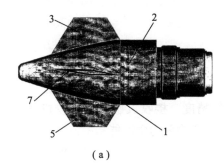
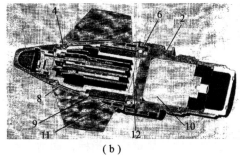

（a）　　　　　　　　　　　　　（b）

图 2 – 13　固定鸭舵式执行结构

1—前体；2—后体；3，5—差动舵面；4—前轴承；6—后轴承；7—操纵舵面；
8—反旋装置；9—电枢；10—可变电阻；11—定磁铁；12—电路板

引信体内含电路部件。舵部件的旋转控制功能由磁力矩电机和可调负载实现。磁力矩电机由安装在引信体内的内转子线圈绕组和安装在舵部件内表面的外转子永磁体构成。内转子线圈绕组随弹体旋转，而外转子永磁体随舵部件相对弹体反旋，即外转子永磁体与内转子线圈绕组产生相对旋转，此时磁力矩电机发电并给可调负载供电。由于在内转子线圈绕组中产生了电流，因而会产生反电磁力矩，该力矩与弹丸飞行过程中由旋转舵面产生的气动力矩相反。通过改变可调负载阻值，可调节反电磁力矩。当反电磁力矩、摩擦力矩与气动力矩达到平衡时，可使舵部件相对于地面保持静止状态，且通过闭环控制使其停止在某一特定角度。测量弹丸的旋转角度可通过地磁信号、卫星定位信号等手段，测量舵部件与弹丸间的相对旋转角度可通过霍尔元件、光电器件等。

由于舵偏角固定，无法改变修正力大小，无须测量弹丸俯仰、偏航等姿态

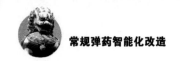

角，是一种成本相对较低的修正方案。但在对弹丸的修正控制过程中，必须保证弹丸依靠自身稳定性能稳定飞行。

|2.5 智能榴弹改造关键技术|

采用引信二维弹道修正技术进行榴弹的智能化改造，需要面对空间狭小、过载巨大等问题，在研制过程中必须采用适当的手段解决相关问题。

2.5.1 弹道测量技术

由于国内抗高过载惯性器件近两年才出现，截至目前在智能榴弹二维弹道修正引信上尚无成熟的工程实现方案，因而，主要采用卫星导航作为其弹道测量手段。

1. 卫星定位接收机典型技术指标

卫星定位接收机的主要技术指标有定位精度、接收灵敏度、接收机通道数、首次定位时间等。此外，还有一系列电气和物理力学性能指标。

定位精度是最重要的指标，通常由系统性能和接收机环境条件决定。

接收机灵敏度表征接收机接收弱信号的能力。弹载卫星定位接收机，信号捕获灵敏度不小于 -148 dBm，信号跟踪灵敏度不小于 -160 dBm。

接收机通道数又称信道数，是指接收机能够同时接收可视卫星的数量。常用的卫星导航接收机大多为12个信道，现在也有20个信道的。由于 GNSS 多系统工作，所以可视卫星数量越来越多，目前有200多个信道的接收机。

首次定位时间对射程较近的弹道修正弹药而言很重要，一般要求在发射上电后 8 s 内能定位。

2. 关键技术

1）高动态跟踪技术

高动态环境包括高动态运动轨迹和弹丸飞行动态特性。高动态运动轨迹的定义，最早由美国国家航空航天局喷气推进实验室（JPL）提出。JPL 设定了两种高动态运动轨迹，都是对载体的加加速度进行规定的，对速度和加速度没有具体规定。因为影响导航信号跟踪的主要是多普勒频移的变化率，即对应加速度大小。一种高动态是 100 g/s 的加加速度持续 0.5 s，重复 2 次（g 为地心地固表面的重力加速度，$1\ g = 9.8\ \text{m/s}^2$）；另一种是 $70g/\text{s}$ 的加加速度持续 $1\ \text{s}$。弹道修正引信应用中的高动态轨迹比 JPL 定义的情况动态弱一些：抗发射过载不小于 20 000 g、初速不小于 1 000 m/s、弹丸转速不小于 300 r/s、最大加速度不小于 10 g。

智能榴弹在飞行过程中，由于弹轴的章动和进动等角运动的存在，且接收机安装在弹丸头部，接收机接收到的卫星信号将附加由于角运动引起载波多普勒频移，即为弹丸飞行动态特性产生的高动态环境对卫星定位接收机的性能影响。

高动态环境对卫星导航信号接收和处理主要带来以下影响：

（1）高动态环境给卫星导航载波信号附加了加大的多普勒频移，使用普通接收机的载波锁相环保持锁定，就必须增大环路滤波器的带宽，而环路带宽的增加又会使带宽信号窜入，当噪声电平超过环路门限时就会导致载波跟踪环失锁；若不增加载波锁相环的环路带宽，则载波多普勒频移常会超过锁相环的捕获带和同步带，就不能保证对载波的可靠捕获和跟踪。

（2）高动态使得卫星导航信号副载波——伪随机码产生动态延时，使普通接收机的码延时跟踪环容易失锁，而且重新捕获时间过长往往导致导航解发散。

（3）载波跟踪失锁也使 50 Hz 的调制数据无法恢复，相应的卫星星历无法获取。

解决以上问题，重要的是提高多普勒频移变化规律的了解程度，估计载体多普勒频移及多普勒频移变化情况，从而降低本地载波及伪码与实际输入信号频率计相位的差异，减小信号捕获不定域及改善接收机动态冗余性能。当前，高动态接收机设计主要集中在载波跟踪环和码跟踪环的跟踪算法。

2）抗干扰技术

卫星导航的缺点在于易被遮断和被欺骗。针对该问题，当前卫星定位接收机的抗干扰技术主要在于抗窄带脉冲干扰和转发式干扰。抗窄带干扰方面，可采用适当的芯片进行频域抗干扰；抗转发式干扰，可通过信号功率监测、信号传播延时监测、导航电文有效性监测、接收机自主完好性检测和卡尔曼滤波实现。

3）抗高过载技术

为满足抗高过载的技术要求，卫星定位接收机一般采用适当的封装技术。在芯片裸片封装的基础上，合理选择封装材料与封装工艺进行二次封装。抗高过载封装材料需选用高黏性、低膨胀、耐温度冲击、具有良好抗疲劳性和持久性特点的封装材料；抗高过载封装工艺应选取具有中温固化、配料均匀、真空

封装、退火处理的工艺流程。

3. 技术方案

卫星定位接收机一般采用模块化设计方法，将其划分为天线和接收机两大部分，其中接收机包含处理板硬件、基带处理、导航解算软件和电磁兼容性设计四部分。在系统层面上对各个模块的关键指标进行分配，以达到整机的关键指标。然后根据分配到各个模块的关键指标，对各个模块进行设计。

分模块设计的方法有利于设计开发的工作规划。系统级设计完成后，各个模块的接口技术参数都已确定。在确保模块接口指标的前提下，各个模块的研制有一定的灵活性，研制过程中出现问题时，可对单模块进行设计替换，比较容易控制风险。

2.5.2 姿态测量技术

当前，智能榴弹二维弹道修正引信主要采用地磁来测量滚转通道的姿态信息。使用地磁信息存在抗干扰、测量死区及地磁异常等问题。对于二维弹道修正引信而言，抗干扰问题更为突出。地磁信号属微弱信号（约 0.5 Gs[①]），极易受弹体铁磁材料和弹上设备电磁场的干扰，甚至淹没磁场信号，因此地磁信号的提取和抗干扰问题更为突出。

可采用三种技术措施解决该问题：①采用磁场屏蔽措施，尽可能将其他部组件漏磁减小；②建立干扰地磁测量的误差模型；③采用自适应滤波算法进行降噪提取特征信号，并实时进行补偿。

2.5.3 导引控制技术

旋转稳定智能榴弹的导引控制技术需要在研究弹道特性的基础上，设计适当的导引控制算法。与尾翼稳定弹不同，旋转稳定弹在有控状态下，由于陀螺效应弹轴将运动到控制角的反方向右侧，即获得与控制角方向相反的动力平衡角和垂直该平面向右的动力平衡角，并获得相应的弹道修正量。在设计导引控制算法时，必须考虑旋转稳定弹的这项弹道特性。

导引控制算法是指弹丸飞行过程中应遵循的规律，其选取不仅直接影响制导控制系统的设计，还决定了弹丸精确命中目标的难易程度，因而，选取合适的导引控制算法是智能榴弹研发过程中的重要技术环节。当前，应用于旋转稳定榴弹的修正控制算法可分为方案控制算法和导引控制算法。

---

① 高斯，1 Gs = 1×10^{-4} T。

1. 方案控制算法

方案控制算法可分为弹道成形（Trajectory shaping）、弹道跟踪（Trajectory tracking）、预测控制（Predictive control）三种，而适用于修正能力有限的弹道修正弹丸的修正控制算法仅有后两种。

1）弹道跟踪

弹道跟踪是指通过修正控制使弹丸的飞行轨迹跟随射前装定的基准弹道，从而实现对目标的精确命中。在弹道跟踪过程中，采用弹道探测装置测量弹丸的位置信息并将其与基准弹道比较，基于弹丸位置与基准弹道的偏差生成控制指令，通过作动器动作使弹丸飞行轨迹跟踪基准弹道。该方法的缺点在于修正控制过程中未考虑弹丸的速度信息，造成有控弹道对基准弹道的不断穿越，导致修正控制总能量的大量消耗。

2）预测控制

预测控制是 20 世纪中后期从过程控制领域引入的一种计算机控制方法。预测控制是指依据弹丸的当前状态利用所建立的数学模型对弹丸下一控制时刻或弹丸落点的状态信息进行预测，与标准状态比较后根据偏差生成修正控制指令进行弹道修正。该方法能充分发挥弹丸修正能力，且所需消耗的能量较少。

2. 导引控制算法

导引控制算法主要包括比例导引等。比例导引是末制导中的常用方法，通过控制使导弹的速度矢量的旋转角速度正比于弹目连线的旋转角速度，具有对落点直接闭合的特点。经过几十年的发展，比例导引已与实际的工程背景相结合实现了长足的发展，然而所提出的比例导引算法大都需要提供较大的修正能力才能满足算法的需要，因而应用于导弹的滑模变结构比例导引、有限时间收敛的比例导引等方法并不适用于修正能力较小的旋转稳定弹丸。在工程应用中发现，变系数的比例导引可应用在安装固定鸭舵式二维弹道修正引信的某型迫击炮弹上，CEP 小于 5 m。该方法优点在于有效分配了制导过程中的需用过载，且算法简单、易于实现，因而，该方法可被二维弹道修正榴弹的制导控制借鉴。

综上分析可知，弹道跟踪、预测控制和比例导引方法各有优缺点，如何选取适用于二维弹道修正引信的运算量小、精度高的修正控制算法是需要研究的重要问题。

2.5.4 执行机构控制技术

针对某型固定鸭舵式二维弹道修正智能榴弹，对固定鸭舵的制动控制是弹道修正的关键技术。固定鸭舵的制动控制技术重点要解决固定鸭舵制动的快速性、准确性和稳定性问题。快速性即要求制动过程迅速，以尽快消除弹道偏差；准确性即要求固定鸭舵的制动稳定位置与目标滚转角位置偏差量小，以免产生修正方向偏差；稳定性即要求在弹丸飞行全弹道过程中，固定鸭舵制动稳定、超调量小，以免出现制动失效影响弹道修正的效率。

对图 2 - 12 中固定鸭舵的控制有两种方案：一是滚转角度的直接控制，即控制固定鸭舵稳定停止在目标滚转角位置，提供恒定方向的修正力；二是基于周期平均力原理的滚转角速度控制，即通过控制固定鸭舵滚转一周的转速区间分布，使固定鸭舵产生的周期平均力指向弹道修正目标方向，从而产生沿该方向的弹道修正作用。

两种控制方案各有优劣，基于周期平均力原理的滚转角速度控制作用下，固定鸭舵滚转平稳，但修正的效率低，在其他条件相同的情况下，修正相同的弹道偏差耗时较长；滚转角度的直接控制方案中，由于无控固定鸭舵的平衡转速高，控制固定鸭舵在一个滚转周期内停止在目标滚转角位置难度大，但该方案修正效率高，相同条件下修正相同的弹道偏差耗时较短。

结合固定鸭舵的受力和运动特性，从上述两种控制方案中进行优选。基于周期平均力的控制方案中，固定鸭舵每个旋转周期内的速度区间分布决定着周期平均力的方向。从极限的角度考虑，滚转角度的直接控制实际上是基于周期平均力的滚转角速度控制的极限形式，即固定鸭舵以极大的速度转过绝大部分圆周，又以极低的速度转过目标滚转角及其邻域。考虑到修正弹飞行总时间较短，快速高效地实施弹道修正是弹道修正组件系统对固定鸭舵的控制提出的基本要求。因此，从提高弹道修正效率、缩短控制时间的角度来说，滚转角度直接控制方案优势明显。

其次，从固定鸭舵的控制对磁力矩电机提出的要求角度考虑。由于固定鸭舵的转速较高，要在其滚转一周的较短时间内实现多次无差调速，难度非常大。固定鸭舵滚转一周的时间约为 0.033 s，在如此短的时间内实现多次无偏差速度控制，对磁力矩电机的响应速度提出了很高的要求，且由于固定鸭舵飞行环境干扰的复杂性，控制的精度很难保证。

基于以上原因，修正组件选择固定鸭舵滚转角直接控制方案，即通过控制使固定鸭舵减速制动，最终稳定停止在目标滚转角位置。选择这一方案的另一原因是，即便是制动控制受外界干扰无法稳定静止在目标滚转角位置，出现以目标滚转角为中心的小范围往复运动，固定鸭舵仍然可以实现部分弹道修正的功能。

固定鸭舵的滚转角直接控制，通过固定鸭舵制动控制实现。固定鸭舵制动控制是按照弹道修正的要求对固定鸭舵施加控制作用，使一对修正舵产生沿修正目标方向的修正力。为了提高弹道修正的效率，固定鸭舵制动应满足如下条件：快速制动，以保证迅速消除弹道偏差；精确制动，以保证弹道修正方向准确；稳定制动，以保证对弹道的持续修正作用。固定鸭舵快速、精确、稳定制动，是固定鸭舵实现弹道修正功能对制动控制系统提出的基本要求。

|2.6　智能榴弹发展趋势|

随着作战不断向体系化、网络化方向发展，整个作战体系越来越庞大和复杂，发展具有智能打击能力的武器装备是适应未来多域作战和自主作战的客观需求，在城市作战、山地作战、局部空降与登陆作战以及特殊狭小空间作战区域，还存在大量死角、盲区，需要快速清除敌方威胁人员、火力点等小型目标，需要发展自主寻找目标薄弱环节的低成本智能打击弹药。需要解决的关键技术与问题主要有：一是提升打击精度；二是目标识别概率需要提升到90%以上；三是能够精确选择目标的薄弱环节和要害部位进行攻击；四是可适应多平台运载和发射；五是发展毁伤效应可调弹药。

对于智能榴弹而言，其发展趋势有如下几个方面：

（1）大射程、高精度、强杀伤仍是弹药发展的主题。

（2）网络化成为智能弹药发展的重要方向。

网络化协同作战是智能弹药发展一个重要方向，可使弹药广泛利用战场信息，自主、机动、有效、适时对付战场中的重要目标。由于单个弹药之间可以相互通信和共享信息，它们协同作战时的效能要大于多个弹药效能的简单累加，并可以衍生出许多新的作战概念。

（3）多用途成为智能弹药发展的特点。

当前，毁伤效应可调战斗部和多功能战斗部研究正在如火如荼地进行，已经出现既可攻击地面目标，又可攻击武装直升机等空中目标的智能榴弹。采用毁伤效应可调战斗部和多功能战斗部可在对目标有效打击的同时降低附带毁伤，同时减轻后勤保障压力。

（4）小型化成为智能弹药发展的重要方向。

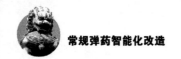

随着微器件的发展，小型制导控制系统不断涌现，目前已经出现适配于枪榴弹和 12.7 mm 枪弹的小型制导控制系统，使小型榴弹的制导控制成为可能。

（5）低成本成为智能弹药设计的一项原则。

智能弹药采购价格昂贵，制约了部队大量采购和装备的积极性。"神剑"制导炮弹单价高达 8 万美元，为此美军削减了该型炮弹的采购量，转而采购 M1156 PGK 精确制导组件对部队的精确打击能力进行补充。由此可知，研制低成本智能弹药是各国陆军均需考虑的重要方向。

第 3 章

迫击炮弹智能化改造

迫击炮弹是用迫击炮发射的弹药的总称。本章所提常规迫击炮弹、智能迫击炮弹是相对的称谓。常规迫击炮弹是指迫击炮弹中，外弹道上不采取弹道修正、制导等精度控制措施，仅依靠惯性或火箭增程＋惯性自由飞抵目标的弹药，亦可称无控迫击炮弹。智能迫击炮弹则是指迫击炮弹中，外弹道上采取弹道修正、制导等精度控制措施，落点散布或打击精度大大提高的弹药。智能迫击炮弹是在常规迫击炮弹基础上加装制导、控制装置发展而来。

|3.1 迫击炮武器系统概述|

3.1.1 迫击炮武器系统发展历程

迫击炮是在一般火炮的基础上发展而来。早在 1904—1905 年的日俄战争期间，沙皇俄国与日本为争夺中国旅顺口发生激战，日军挖筑堑壕逼近到距俄军阵地只有几十米的地方，俄军的火炮和机枪难以杀伤日军，于是，俄国炮兵大尉戈比亚托·列昂尼德·尼古拉耶维奇便试着将一种老式的 47 mm 海军炮改装在带有轮子的炮架上，以大仰角发射一种超口径长尾形炮弹，有效地杀伤了堑壕内的日军，打退了日军的多次进攻。这种战场上应急诞生的火炮，是世界上最早的迫击炮雏形。由于这种曲射火炮具有优势，各国开始重视迫击炮的研制和发展。1918 年，英国研制了颇具影响的"斯陶克斯"型 81 mm 迫击炮；1927 年，法国研制出了"斯克托斯—勃朗特"81 mm 迫击炮，由于该迫击炮采用了缓冲器，克服了炮身与炮架刚性连接的缺点，结构趋于完善，已初步具备现代迫击炮的特点。

第二次世界大战以来，随着科学技术的进步，迫击炮的发展日趋成熟，迫击炮的性能得到较大提高。据初步统计，世界迫击炮口径有 50 mm、51 mm、52 mm、53 mm、60 mm、81 mm、82 mm、100 mm、105 mm、107 mm、120 mm、160 mm、240 mm 等十三种之多。

迫击炮弹是伴随着迫击炮的发展而发展的。迫击炮弹由早期的近程超口径长炮榴弹逐渐发展为适口径多弹种的弹药。迫击炮配用的主用弹在杀伤弹、杀伤爆破弹、爆破弹等榴弹弹种基础上，扩展了杀伤燃烧弹、杀伤爆破燃烧弹、子母弹、破甲弹、攻坚弹等弹种，迫击炮配用的特种弹在原可见光照明弹、发烟弹等弹种基础上，扩展了红外照明弹、红外发烟弹、通信干扰弹、光电干扰弹等弹种，使得迫击炮武器系统能够完成的作战任务越来越广。预制破片技术和以近炸引信为代表的炸点控制技术的运用，使得迫击炮弹的杀伤能力不断增强；新型发射药技术、火箭增程技术使得迫击炮弹的射程不断提高；双自由度后坐保险、涡轮保险、弹道顶点识别等技术的应用，使得迫击炮弹的安全性不断提高；弹道控制技术的运用则使得迫击炮弹有效克服了散布较大的不足，具备了准精确、精确打击以及攻顶对付装甲的能力。

3.1.2　迫击炮发射原理及优缺点

1. 发射原理

迫击炮和后装火炮一样，都是用火药燃气压力抛射弹丸，但迫击炮用座钣承受后坐力，没有复杂的反后坐装置。迫击炮弹一般是由炮口装填（俗称前膛弹，见图 3 - 1），依靠其自身重力下滑的动能撞击炮膛底部的击针而使弹上的底火迫击发火，底火输出火焰引燃发射药，发射药燃烧后在弹炮所形成的密闭空间内产生强大的气体压力，将迫击炮弹抛射出去，弹丸依靠自身稳定装置保持飞行稳定。对于口径较大的迫击炮，除了迫发的发火方式外，往往还有拉发的发火方式。

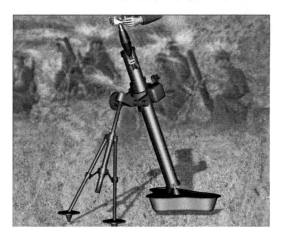

图 3 - 1　炮口装填迫击炮弹

2. 优缺点

迫击炮武器系统具有以下优点：

（1）结构简单，质量轻，机动性好。迫击炮通常可分解，单件质量较轻，可人背马驮，行军方便，是伴随步兵作战的有力的火力支援武器。

（2）射角大，弹道弯曲。迫击炮一般都使用45°以上的射角进行射击，最大射角达80°~85°，其弹道比榴弹炮的弹道还要弯曲，这个特点是其他火炮不能比拟的。这样，射击死角小，适用于对近距离遮蔽物后面的目标和反斜面上的目标实施攻击，发射阵地也容易选择，特别适宜在山区和城市巷战中使用。

（3）操作简单，发射速度快，火力突然而猛烈。由于迫击炮弹从炮口装填，迫击发火，射击时无须开关炮闩，因而发射速度较快。迫击炮的射速每分钟可达几十发。

由于迫击炮武器系统的上述优点，在现代高技术战争中，迫击炮武器系统仍然是不可替代的。

迫击炮武器系统的缺点是：膛压低，初速小，射程较近，射弹散布较大，难以平射，不宜在前沿阵地上反坦克。针对上述缺点，世界各国都在研究改进方法和措施，并取得一些进展，如发展了高平两用的速射迫击炮，采用专门的反后坐装置和弹匣供弹，不再从炮口装填；通过提高初速，采用火箭增程等手段，迫击炮弹的最大射程也在不断增大，从原来的 2 km 发展到 10 km 以上；发展激光、红外或毫米波制导的末制导迫击炮弹，通过攻击装甲目标和顶部实现对装甲目标的打击。

3.1.3 常规迫击炮弹一般结构组成

迫击炮有滑膛迫击炮和线膛迫击炮两类，相应地，迫击炮弹也有尾翼稳定与旋转稳定两类。世界各国现装备的迫击炮绝大多数是滑膛的，因此本节主要介绍滑膛迫击炮配用的尾翼稳定迫击炮弹。

尾翼稳定的常规迫击炮弹通常由引信、弹丸、发射装药和底火四大部分组成，与其他火炮弹药相比，不带有药筒结构。弹丸通常由弹体、装填物、尾翼稳定装置等组成。

1. 引信

引信的作用主要是保证弹丸在预定的位置（或时间）、以预定的方式起作用。由于迫击炮弹的种类多样，迫击炮弹引信的类型也是多种多样，有触发引信、时间引信、近炸引信。由于引信相对独立，有专门的书籍进行介绍，本书不再叙述。

2. 弹丸

早期的迫击炮弹通常以亚声速飞行，在这种情况下弹丸主要受涡流阻力和摩擦阻力，因而迫击炮弹多采用水滴形。这种外形不但对减小涡流阻力和摩擦阻力有利，而且使弹丸质心前移，对飞行稳定性有好处。近年来，为了提高射程，迫击炮弹的初速已接近或突破声速，为减少激波阻力的影响，广泛采用了头部比较尖锐、尾部比较细长的所谓海豚形。另外，为了增大弹丸威力，增加弹腔的装填容积而采用长圆柱部的外形结构，称为大容积形。

1）弹体

根据迫击炮弹膛压低、发射时受力小的特点，为便于生产、降低成本，水滴形和海豚形迫击炮弹的弹体多为铸造成型，其材料原来为钢性铸铁，即在优质生铁中加入大量废钢而得到的低碳低硅的优质灰口铸铁，其力学性能较差，强度较低，弹丸爆炸后往往破片过碎，有效破片少。近年来已逐渐采用稀土球墨铸铁，即在铸铁熔炼时加入适量的稀土族元素，以促使铸铁中的片形石墨变为球形，这种材料弹体的强度和破片性能都能得到改善。弹体铸造成型后，采用喷沙法或滚动球磨法清理和打光内外表面，仅定心部和口螺、尾螺处进行机械加工。大容积型迫击炮弹为增大装填容积，弹壁较薄，弹体多采用轧制钢材机械加工成型。

迫击炮弹定心部用来保证迫击炮弹在膛内下滑运动时弹丸轴线和炮膛轴线尽可能一致，以保证迫击炮弹膛内运动的正确性。水滴形和海豚形迫击炮弹的定心部位于圆柱部，与尾翼片下端外侧的定心突起共同起定心作用，构成迫击炮弹的导引部。大容积型迫击炮弹则有上、下定心部。由于迫击炮弹通常是炮口装填，依靠重力下滑迫击发火，因此迫击炮弹定心部直径应当小于炮膛直径，留有一定的弹炮间隙。弹炮间隙不应当太小，一方面使得迫击炮弹下滑时能顺利地排出膛内气体，下滑到膛底时具有一定的速度和撞击动能，确保迫击发火的需要；另一方面，应使得迫击炮弹下滑运动的时间短，确保发射速度的需要。但是，弹炮间隙也不宜太大，弹炮间隙过大则发射时火药气体通过弹炮间隙的外泄量增加，膛压、初速下降过多，内弹道性能不稳定；另一方面，弹炮间隙过大将使弹丸发射时膛内运动正确性难以保证，弹丸出炮口时侧方速度变大，射击密集度变差。

为了解决迫击炮弹顺利下滑与减少火药燃气外泄的矛盾，在迫击炮弹的定心部上车制了若干条环形闭气环槽。闭气环槽的作用如图 3-2 所示。发射时高压火药燃气外泄流经这些环槽，在环槽处体积膨胀，压力下降，流向改变，外泄火药燃气经多次膨胀和产生涡流后，流速明显减慢，从而起到阻滞并减少火药燃气外泄的作用。闭气环槽无法完全阻止火药燃气外泄，通常有 10% ~ 15% 的火药燃气通过间隙泄出。

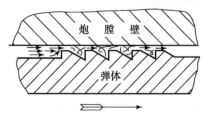

图 3 - 2　闭气环槽的作用

近年来，迫击炮弹上采用闭气环结构取代闭气环槽。闭气环属于扩张式闭气装置，采用聚四氟乙烯或聚四氯乙烯之类的材料制作，断面为矩形或圆形，有的纵向上有数条沟槽，因而该处的抗张强度较低。闭气环一般缩装在迫击炮弹定心部下方的沟槽内，外径略小于弹径，因而装填时不影响迫击炮弹下滑运动。发射时，在膛内火药燃气压力作用下，闭气环径向扩张，闭塞弹炮间隙，防止火药燃气外泄，其作用示意图如图 3 - 3 所示。

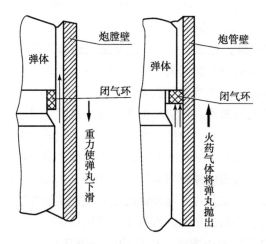

图 3 - 3　闭气环作用示意图
（a）装填过程；（b）发射过程

出炮口后，闭气环破碎飞离弹体，从而避免胀大了的闭气环增大空气阻力。实践证明，带闭气环的迫击炮弹，不仅可以减少火药燃气的外泄，使内弹道性能稳定，而且可以减小弹丸出炮口瞬间的侧方速度，提高射击密集度。

2）装填物

装填物的种类主要取决于弹丸的战斗效能，弹种不同，装填物也各不相同。一般来说，榴弹内装填猛炸药，特种弹内装填能够产生特种效能的烟火剂，子母弹内装填子弹及抛射（开舱）装置。榴弹内装填的炸药种类及质量与弹体材料、壁厚相匹配，以期获得最大的杀伤爆破效果。采用铸铁弹体的榴弹，装填炸药的猛度不宜过大，否则弹体将被炸得太碎，破片性能不好，影响杀伤威力。

　　3）尾翼稳定装置

　　迫击炮弹利用尾翼实现飞行稳定，并且借助尾翼来安装发射装药。

　　由于迫击炮弹初速较小，一般采用固定式的同口径尾翼即可实现飞行稳定。固定式尾翼由尾管及尾翼片两部分组成，如图 3 - 4 所示。

　　尾管使得迫击炮弹的阻心后移，增大稳定力臂。水滴形及海豚形迫击炮弹的尾管长 1 ~ 2 倍口径，大容积的尾管较长。尾管前端螺纹用以与弹体尾部螺接。尾管内安装基本药管，尾管外安装附加药包。尾管壁上钻有多个传火孔，供排出基本药管的火药燃气，

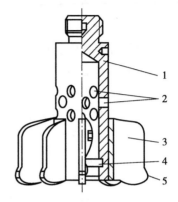

图 3 - 4　迫击炮弹固定式尾翼
1—尾管；2—传火孔；3—尾翼片；
4—卡座环槽；5—定心突起

以便点燃附加药包。传火孔一般分数层轴对称分布，并与附加药包对正，以保证同时全面地点燃附加药包。为了防止发射时火药燃气将基本药管壳压出留膛，影响下一发的发射，在尾管口部与基本药管金属底座相对应的地方车有一道环槽，叫作卡座环槽或驻退槽。发射时在火药燃气压力作用下，基本药管的金属底座膨胀，嵌入卡座环槽内，使基本药壳随弹带走，不致脱落留膛。

　　尾翼片的作用主要是在迫击炮弹飞行时使空气阻力中心后移，形成稳定力矩。为使得空气动力均匀，尾翼片应均匀、对称、呈辐射状排列在尾管周围。以前生产的尾翼片一般由低碳钢板冲压成型，用点焊方法焊接在尾管上，这样很难精确地保证翼片位置和方向的一致性。近年来采用铸造，整体铸造尾翼可保证翼片精确对称和尾翼与弹体同心要求，以减小射弹散布。过去，为了减少迎面空气阻力，翼片都平行于弹轴。近年来，为了使迫击炮弹微旋（这对于减小散布有利），有的在翼片上设置偏刃，有的将翼片倾斜一个很小角度。翼片的数目一般为多片。在翼片的下缘外侧有一突起，其直径与定心部直径相当，称为定心突起，它与弹体上的定心部共同构成导引部，以保证迫击炮弹装填下滑时底火与击针对正和发射时沿炮膛的正确运动。勤务处理中，要注意保护尾翼片，避免碰伤变形，定心突起应防止锈蚀。

3. 发射装药

　　迫击炮弹发射装药由基本药管和附加药包两部分组成。

1）基本药管

基本药管内装基本装药，用于点燃附加药包。中、小口径迫击炮弹的基本药管往往还可作为零号装药射击。

基本药管有带底火的和不带底火的两种。带底火的基本药管通常由管壳、底火、隔片、点火药、发射药及封口垫等组成，如图 3－5 所示。底火装配在管壳底部，在它的上方依次装有点火药、发射药、封口垫，经收口各零件被固定在管壳内。

管壳由纸管、铜座等牢固压合而成。在铜座上方，纸管局部扩张部位称为"胀包"，具有弹性，其直径比尾管的内径稍大，以过盈配合来保证基本药管在装入尾管以后不致脱落。铜座底部有凸缘，基本药管装入尾管时，凸缘起定位作用，以保证底火与击针撞击瞬间基本药管不窜动，不致发生缓冲瞎火。

带底火的基本药管可一次装入尾管，使用操作简单，但其缺点是不便作换件修理。某些国家迫击炮弹的基本药管不带底火，由药管、传管和发火座三个部件组成，如图 3－6 所示。对于不带底火的基本药管，为了确实点燃管内的装药，在靠近底火的一端装有传火药。因此，在使用这种基本药管时，应注意其装配方向，必须使其底端对正底火，切勿倒置。

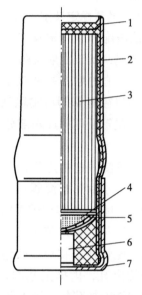

图 3－5　带底火的基本药管

1—封口垫；2—纸管；3—发射药；

4—点火药；5—隔片；6—底火；

7—铜壳

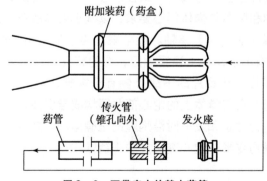

图 3－6　不带底火的基本药管

2）附加药包（盒）

附加药包（盒）是将附加装药分装在若干个药包内制成。附加药包（盒）安装在尾管周围，可以通过调整药包的数目来调整发射药量，从而调整弹丸的初速。常见的有下列形状，如图 3－7 所示。

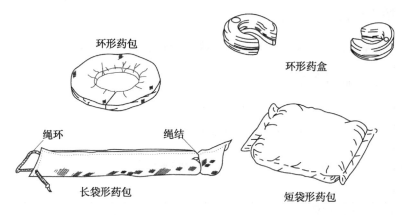

图 3－7　附加药包（盒）形状

迫击炮弹是以基本药管作为零号装药；在此基础上每递加一定数量的附加药包（盒），发射装药的编号就递增一号。迫击炮弹发射装药号数越大，其附加药包（发射药量）越多，初速和膛压也就越高。

4. 底火

底火用于将撞击能量转变为火焰能量输出，用于点燃基本药管内的发射装药，底火底部较薄可提高发火敏感性。

3.1.4　迫击炮弹的分类

1. 按口径分

迫击炮弹可以分为小口径迫击炮弹、中口径迫击炮弹和大口径迫击炮弹。小口径迫击炮弹口径通常在 70 mm 以下，大口径迫击炮弹口径通常在 155 mm 以上；二者之间即为中口径迫击炮弹。

2. 按弹种分

迫击炮弹可以分为主用弹和特种弹两大类，主用弹包括榴弹、破甲弹、子母弹、攻坚弹等，特种弹包括照明弹、发烟弹、干扰弹等。榴弹又可细分为杀

伤弹、杀爆弹、爆破弹、杀燃弹、杀爆燃弹等。

3. 按装填方式分

迫击炮弹可以分为前装式迫击炮弹和后装式迫击炮弹。

4. 按飞行稳定方式分

迫击炮弹可以分为尾翼稳定迫击炮弹和旋转稳定迫击炮弹。

5. 按有无制导控制分

迫击炮弹可以分为常规迫击炮弹、智能迫击炮弹等。智能迫击炮弹又可分为弹道修正迫击炮弹、精确制导迫击炮弹等。

3.1.5　迫击炮弹智能化改造输入特性分析

1. 过载要求分析

根据发射所用装药号的不同，迫击炮弹发射后坐过载从几百 g 到一万多 g 不等。从满足最大发射过载的设计要求出发，其抗后坐过载要求通常在 12 000 g。此后坐过载虽然比榴弹炮弹、加榴炮弹等的发射后坐过载要小，但比火箭弹发射后坐过载要大得多。

迫击炮弹通常采用尾翼稳定方式，基本不旋转或微旋，因此其离心过载非常小，设计过程中可不予考虑。

2. 小型化要求分析

国内外现主要使用的迫击炮弹口径与榴弹炮弹、加榴炮弹、火箭弹相比通常较小，一般为 81 mm、120 mm，在保证一定威力的情况下，留给制导系统、控制系统的空间非常有限，因此，对制导系统、控制系统的小型化要求较高。

3. 控制能力要求分析

迫击炮弹发射方式、飞行稳定方式、弹道特性、作战特性决定了其散布较大、飞行时间较短、气动力较小，因此，对控制能力的要求非常高，尤其是对于末制导迫击炮弹，需要非常强的弹道控制能力。

|3.2 智能迫击炮弹发展现状|

随着现代战争的发展，为提高射击精度、减小附带毁伤，迫击炮弹制导化成为迫击炮弹发展的热点，许多国家都发展了制导迫击炮弹。其中，美国、俄罗斯等在精确制导迫击炮弹技术方面处于领先水平。

目前的制导迫击炮弹可分为两种。第一种是精确制导迫击炮弹，一般配备导引头，定位于打击点目标尤其是移动点目标。精确制导迫击炮弹的代表产品包括以色列的"匕首"精确制导迫击炮弹（图 3 – 8），德国的 GMM 精确制导迫击炮弹（图 3 – 9）、美国的 XM395 精确制导迫击炮弹、俄罗斯的"晶面"激光末制导迫击炮弹等。目前外军 120 mm 精确制导迫击炮弹见表 3 – 1。

图 3 – 8 "匕首"精确制导迫击炮弹

图 3 – 9 GMM 精确制导迫击炮弹

表 3-1　国外 120 mm 精确制导迫击炮弹情况简表

名称	国别	最大射程/km	制导体制	控制方式	战斗部形式	CEP/m
Strix	瑞典	7.5	被动红外成像	脉冲发动机	聚能破甲	—
Bussard	德国	5	激光半主动/红外或毫米波成像	舵机	聚能破甲	1
Xm935	美国	12	激光半主动	舵机	杀伤爆破	1
Gran	俄罗斯	7.5	惯性/激光半主动	舵机	杀伤爆破	1
Fireball	以色列	15	激光半主动/GPS	舵机	高爆	1
Griffin	法国	8	毫米波	脉冲发动机	聚能破甲	—
Xm395	美国	7	激光半主动	脉冲发动机	杀伤爆破	10

　　从表 3-1 可以看出，目前世界上 120 mm 迫击炮精确制导迫击炮弹主要有三种类型，第一类是采用激光半主动制导或在激光半主动基础上与红外或毫米波等技术结合的复合制导，利用舵机进行弹道控制，精度较高，CEP 可以达到米级。第二类采用激光半主动制导，利用舵机或脉冲发动机进行弹道控制的制导弹药，CEP 在 10 m 左右。以上两种精确打击弹药在使用上均需要照射手的照射，但作战目标适用范围广泛，是 120 mm 迫击炮平台上弹药的主要发展方向之一。第三类采用被动红外或毫米波成像或其复合制导体制，精度相对较高，结构复杂，成本昂贵，作战目标适用范围受限。

　　第二种是弹道修正迫击炮弹。弹道修正迫击炮弹通常不配备导引头，运用弹道修正技术减小弹丸散布、提高射击精度，定位于打击固定点目标或小幅员面目标。代表产品是美国的 M395（MGK 方案，即二维弹道修正引信方案），西班牙的 GMG-120 和法国的 MPM 等。其中 M395 来源于美军在 2008 年启动的"加速部署制导迫击炮弹紧急项目"，当时的战技指标要求为：采用 GPS 制导，最大射程 7 km，最小射程 500 m，CEP 小于 10 m，可用现役 120 mm 迫击炮发射。随后 ATK 公司（MGK 方案）、雷声公司/以色列军事工业公司（GPS/IMU 复合制导方案）、通用动力公司（GPS 制导滚转控制方案）三方参与了竞标工作，在经过一系列试验测试后 ATK 公司胜出。其中 ATK 公司和通用动力公司方案均为固定鸭舵方案，如图 3-10、图 3-11 所示。美军将采用 MGK 方案的 120 mm 制导迫击炮弹投入阿富汗战场使用取得了较好的实战效果，但在后续文献报道中明确提出了其局限性，即由于有限的修正能力，在实际使用时对火炮瞄准精度的要求仍然较高，因此美军仍在开展其他替代方案的研究工作，例如低成本制导迫击炮弹方案等。

图 3 - 10　ATK 公司方案

图 3 - 11　通用动力公司方案

制导迫击炮弹可以大幅提高迫击炮弹作战效能，国外已有多个型号已经定型并投入到作战应用，取得了较好的实战效果。

3.3　智能迫击炮弹工作原理

3.3.1　弹道修正迫击炮弹工作原理

弹道修正迫击炮弹飞行控制示意图如图 3 - 12 所示，其基本工作原理是：弹道修正迫击炮弹飞行过程中由弹道探测设备实时探测弹丸的实际弹道信息，弹载计算机根据弹丸实际弹道信息和理想弹道信息解算出弹道偏差，根据弹道偏差以及弹体姿态形成执行机构控制指令并发送给执行机构，执行机构响应控

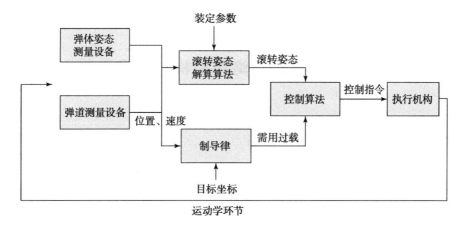

图 3 - 12　弹道修正迫击炮弹飞行控制示意图

制指令以修正弹道偏差、减小弹道修正迫击炮弹落点散布,以上过程构成闭环,直至弹丸落地。

3.3.2 精确制导迫击炮弹工作原理

精确制导迫击炮弹的制导阶段通常可分为中制导阶段和末制导阶段,中制导阶段的工作原理与弹道修正弹基本一致,不再赘述。末制导阶段飞行控制示意图如图 3-13 所示,弹丸距目标距离小于导引头工作距离后,进入末制导阶段,精确制导迫击炮弹飞行过程中通过导引头探测弹目视线角速度,弹载计算机根据弹目视线角速度,以一定的制导律解算出需用过载,同时根据需用过载和弹体姿态解算形成执行机构控制指令并发送给执行机构,执行机构响应控制指令以改变飞行弹道,直至弹丸命中目标或落地。

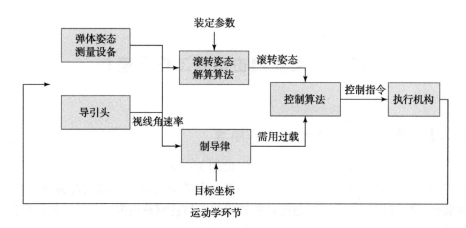

图 3-13 末制导阶段飞行控制示意图

|3.4 智能迫击炮弹的构造与作用|

3.4.1 制导迫击炮弹结构布局

1. 弹道修正迫击炮弹结构布局

典型弹道修正迫击炮弹结构布局示意图如图 3-14 所示,主要由引信、导航制导控制系统、战斗部、发射装药、尾翼稳定装置等组成。典型弹道修正迫击炮弹结构组成框图如图 3 – 15 所示。

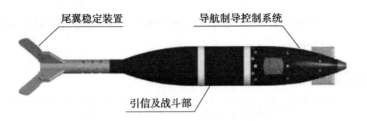

图 3 – 14　典型弹道修正迫击炮弹布局示意图

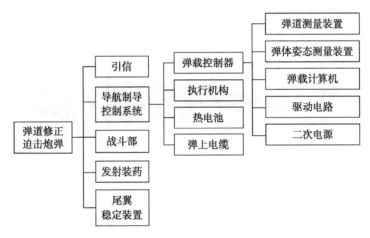

图 3 – 15　典型弹道修正迫击炮弹结构组成框图

引信用于起爆战斗部，目前的引信具备近炸、惯性、瞬发、延期等多种功能，可实现在最佳时机起爆战斗部。

导航制导控制系统位于战斗部之前，集成弹载控制器、执行机构、热电池等部件。其中，弹载控制器由弹道测量装置、弹体姿态测量装置和弹载计算机等组成，用于飞行中自主实时测量弹道参数、解算与预定目标点的弹道偏差，形成执行机构控制指令；执行机构根据弹载控制器输出的执行机构控制指令实施弹道控制，调整弹丸速度大小和方向；热电池组件在发射后激活，为导航制导控制系统各部件供电。

战斗部通常为杀爆战斗部或聚能破甲战斗部，用于摧毁有生力量、技术兵器、地面装甲和野战工事等地面目标。

发射装药采用制式发射装药，用于完成制导迫击炮弹的发射。制式发射装药包括数个装药号，发射时的具体装药号根据射击距离确定。

尾翼稳定装置为弹丸飞行提供稳定力矩，保证全弹飞行稳定。尾翼分为固定式尾翼和折叠式尾翼。固定式尾翼由尾管、尾翼座、尾翼片等组成。折叠式尾翼由尾管、尾翼座、折叠尾翼片、尾翼展开装置等组成，尾翼片发射前折叠进尾翼座，发射后展开。

2. 精确制导迫击炮弹结构布局

典型精确制导迫击炮弹外形如图 3 - 16 所示，主要由引信、导航制导控制系统、战斗部、发射装药、尾翼稳定装置等组成。典型精确制导迫击炮弹结构组成框图如图 3 - 17 所示。从图 3 - 17 可知，精确制导迫击炮弹与弹道修正迫击炮弹布局基本一致，区别主要在于精确制导迫击炮弹的导航制导控制系统更为复杂，多了导引头等装置。

图 3 - 16　典型精确制导迫击炮弹外形

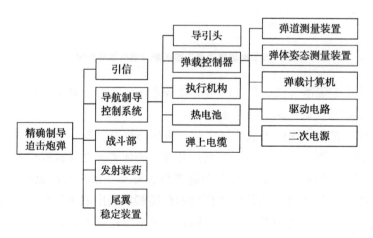

图 3 - 17　典型精确制导迫击炮弹结构组成框图

精确制导迫击炮弹的导航制导控制系统位于战斗部之前，集成弹载控制器、执行机构、热电池、导引头等部件。其中，弹载控制器由弹道测量系统、弹体姿态测量系统和弹载控制器等组成，用于飞行中自主实时测量弹道参数、解算与预定目标点的弹道偏差，形成舵机控制指令；执行机构根据弹载控制器输出的控制指令实施弹道控制，调整弹丸速度大小和方向；热电池组件在发射后激活，为导航制导控制系统各部件供电。精确制导迫击炮弹与弹道修正迫击炮弹最明显的区别是精确制导迫击炮弹配备有导引头，导引头可输出弹目视线角及角速度，为打击点目标提供精确制导能力。

3.4.2　弹道测量系统

制导迫击炮弹要实施弹道控制，首先需要获取弹丸的实际弹道信息，因而弹道探测技术是实现弹道控制的基础。目前，常用的弹道探测方式包括雷达探测、惯性导航、卫星导航等。

1. 雷达探测

雷达探测是通过雷达设备探测弹丸的位置、速度信息。在弹道修正迫击炮弹飞行过程中，雷达不断探测弹丸实际弹道信息、解算出控制指令信息并发送给弹丸。这种探测方式探测精度高，可以简化弹上设备。但是弹丸飞行过程中，雷达需要一直保持开机跟踪状态，容易暴露，如果是发射两发以上弹丸，雷达还需要具备多目标跟踪能力，这对雷达提出了较高的要求。弹道修正弹的发展方向是"发射后不管"，因此这种探测方式在弹道修正技术中并不常用。

2. 惯性导航

惯性导航主要是通过惯性设备（主要包括陀螺和加速度计）敏感弹体加速度与姿态角速度信息，通过积分得到弹丸位置、速度、姿态信息。该方法的优点是短时间探测精度高，并且抗干扰能力、隐蔽性、环境适应性都很强，可以实现"发射后不管"；该方法的缺点主要包括成本高、探测误差会随时间逐渐积累变大、使用前需标定。

3. 卫星导航

卫星导航技术通过卫星导航定位接收机确定弹丸与卫星之间的位置关系并解算出弹丸位置、速度信息，该方法具有定位精度高、定位误差不累积、使用方便的优点。目前联合国卫星导航委员会认定的导航系统包括美国的全球定位导航系统、俄罗斯的格洛纳斯导航系统、欧洲的伽利略导航系统和我国的北斗导航系统。目前北斗导航系统的导航区域已覆盖全球，使用民码的定位精度可达 10 m，定速精度可达 0.2 m/s，使用军码可达到更高的定位、定速精度。

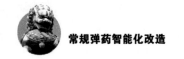

3.4.3　弹体姿态测量系统

绝大部分制导迫击炮弹都是滚转的，制导迫击炮弹常采用滚转弹体方案的原因有：①弹体滚转可以减小弹形不对称对弹丸带来的干扰，减小弹丸散布；②省掉滚转控制通道，降低成本。

对于滚转的制导迫击炮弹，以脉冲推冲器、固定鸭舵、舵机作为执行机构时，通常需要弹体滚转姿态测量设备测量弹体滚转角以确定执行机构所在方位。目前常用的滚转姿态测量技术主要有陀螺测姿技术、地磁测姿技术等。

1.　陀螺测姿技术

陀螺仪可用于测量载体旋转姿态，它是根据牛顿惯性定律的原理进行测量的。传统的陀螺仪有一个高速旋转部件，现在的微型机械陀螺仪和微型光学陀螺仪已没有这一部件。微型机械陀螺仪在原理上有所变化：利用敏感元件在激励模态下振动，如果对垂直于振动方向的对称轴施加角速度，在哥氏力的作用下，质量块将在三维空间的另一方向上以敏感模态同频率振动，幅度与角速度大小成正比，相位与角速度方向有关，从敏感模态的振动就得到角速度。陀螺仪适用于短时间姿态的测试，受弹上体积的限制不能加装校正系统，与大地坐标系的关系靠初始姿态确定，因此，累积积分误差随时间的加长将加大。

2.　地磁测姿技术

地磁测姿技术以地球地磁矢量为基础，通常使地磁传感器固连在弹体中，通过地磁传感器敏感地磁矢量，根据地磁传感器敏感到的地磁矢量的变化解算出弹体姿态信息。地磁测姿组件具有稳定性好、测量精度高、隐蔽性强、成本低的优点，并且可以实现全天候姿态测量，目前在弹道修正弹中应用广泛。

3.4.4　导引头

可用于制导迫击炮弹的导引头主要包括以下几种：雷达导引头、红外导引头、电视寻的导引头、激光导引头。

1.　雷达导引头

雷达自动导引或自动瞄准，是利用弹上设备接收目标辐射或反射的无线电波，实现对目标的跟踪并形成制导指令，引导制导弹药飞向目标的一种导引方法。雷达导引头的任务是捕捉目标，对目标进行角坐标、距离和速度的跟踪，并计算控制参数和形成控制指令。雷达导引头根据其发射电磁波波长的不同可分为分米波雷达导引头、厘米波雷达导引头、毫米波雷达导引头等，其中毫米波制导具有波束窄、隐蔽性强、抗干扰能力强及全天候工作的优点，具有较好的应用前景。

2. 红外导引头

红外寻的制导利用目标辐射的红外线作为信号源，可分为红外点源寻的制导和红外成像寻的制导。红外点源导引头由光学系统、调制器、红外探测器与制冷装置、信号处理装置、导引头的角跟踪系统等部分组成。红外点源导引头采用红外点源探测器来接收目标辐射的红外线，确定目标的位置及角运动特性，形成相应的跟踪和引导指令。导引头控制系统控制伺服装置，使光学系统光轴跟踪目标，同时引导制导弹药飞向目标。

红外成像寻的制导利用红外探测器探测目标的红外辐射，根据获取的红外图像进行目标捕获与追踪，并将制导弹药引向目标。红外成像技术就是把物体表面温度的空间分布情况变为按时间排列的电信号，并以可见光的形式显示出来，或将其数字化存储在存储器中，为数字机提供输入，用数字信号处理方法来处理这种图像，从而得到制导信息。红外成像技术真正实现了对目标进行全向攻击的能力。

3. 电视寻的导引头

电视寻的制导是由电视导引头利用目标反射的可见光信息形成引导指令，实现对目标跟踪和对制导弹药控制的一种被动寻的制导技术。电视导引头在制导弹药飞行末段发现、提取、捕获目标，同时使光轴瞬时对准目标；当光轴和弹轴不重合时，给出与偏角成比例的控制信号，使得制导弹药实时对准目标。

4. 激光导引头

激光寻的制导系统是利用目标漫反射的激光形成引导指令，实现对目标的跟踪和对制导弹药的控制，使制导弹药飞向目标的一种制导方式。激光半主动导引头有制导精度高、抗干扰能力强、结构简单、成本较低、可与其他制导系统兼容等优点，目前已成为制导迫击炮弹上最常用的导引头。

典型激光半主动导引头组成框图如图 3 – 18 所示，由光学系统、光电探测器、放大保持模块、主控芯片、装定芯片、电源模块、电连接器等组成。

激光半主动导引头的光学系统用来测定弹目的相对位置，它的光轴作为测量的基准。光学系统使目标在它的像面上成像，根据像斑相对于探测器划分的坐标得出目标偏离光轴的方向和角度。光电探测器用于将激光脉冲信号转换成

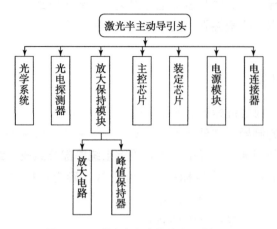

图 3 – 18　激光半主动导引头组成框图

电信号。放大保持模块主要由放大电路、峰值保持器组成，对光电探测器象限输出的光电信号进行处理：对大信号进行缩小、对小信号进行放大；此后由峰值保持器对窄信号进行峰值保持，生成宽度受控的电压信号。该信号幅值表征激光光斑落在探测器敏感面上的面积大小（或能量大小）。主控芯片控制信号增益，进行码型识别等控制，对象限进行和差及归一化运算，丢码后重新进行码型识别。激光半主动导引头实物如图 3 – 19 所示。

图 3 – 19　激光半主动导引头实物

各类导引头在单一制导模式下各有优缺点，为了能够截获目标的多种频谱信息，弥补单模制导的缺陷，发挥各种传感器的优点，提高武器系统的作战能力，目前多模复合制导已得到了广泛的发展。多模复合制导在充分利用现有寻的制导技术的基础上，能够获取目标的多种频谱信息，通过信息融合技术提高寻的装置的智能，弥补单模制导的缺陷，发挥各种传感器的优点，提高武器系统的作战效能。

3.4.5　制导解算系统

制导解算系统为制导迫击炮弹的核心系统，主要完成与弹道测量装置、弹体姿态测量装置、导引头等装置通信，并基于一定的制导律形成执行机构控制指令。此外，制导解算系统还完成与装定器数据通信、为引信提供分发装定信息等功能。典型的制导解算系统布局如图 3 - 20 所示。

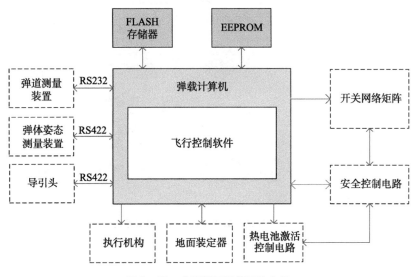

图 3 - 20　典型制导解算系统布局

3.4.6　修正执行机构

可用于智能迫击炮弹的执行机构主要包括以下几种：阻力器、脉冲推冲器、固定鸭舵、舵机。

1. 阻力器

阻力器的工作原理是：弹丸飞行过程中在特定时刻展开阻力器，使弹丸的横截面积增大，从而增加弹丸的空气阻力来达到对射程进行修正、提高射击精度的目的。阻力器的结构简单，易于加工集成，且修正能力很大；它的主要缺点在于不能对弹丸的横向偏差进行修正。

2. 脉冲推冲器

脉冲推冲器通过高能药剂燃烧产生的脉冲控制力和脉冲控制力矩来实现弹道修正。采用脉冲推冲器作为执行机构的制导弹药通常将一定数量的脉冲推冲器布局在弹体质心附近或质心前部，当布局在质心附近时，主要通过脉冲推冲器产生的控制力来修正弹道；当布局在质心前部时，主要通过脉冲推冲器产生的控制力矩改变弹体姿态进而达到修正弹道的作用。基于脉冲推冲器的制导弹药可以在距离和方位两个维度上对弹道进行修正。俄罗斯、美国、瑞典、以色列等国已研发出一系列脉冲修正的炮弹、迫击炮弹，如瑞典的 Strix 红外制导迫击炮弹、德国的 CORECT 弹道修正模块等。以脉冲推冲器作为执行机构的制导迫击炮弹如图 3 - 21 所示。

图 3 - 21   以脉冲推冲器作为执行机构的制导迫击炮弹

3. 固定鸭舵

固定鸭舵方案是美军在开展二维弹道修正引信研制过程中发明的一种方案，最早应用于 155 mm 榴弹二维弹道修正引信中。固定鸭舵通常包括一对修正舵和一对差动舵，弹丸飞行过程中通过将修正舵稳定在某一角度实现弹道修正。固定鸭舵方案的舵片是固定的，通过旋转固定鸭舵实现二维修正作用，非常具有创新性，固定鸭舵方案减少了弹上活动部件，提高了执行机构可靠性，占用空间小，使用方便。但是这种方案的缺点也十分明显，即受弹丸口径以及飞行稳定性的制约，固定鸭舵的舵片面积以及舵偏角度都受到限制，因此固定鸭舵的弹道修正能力有限，作战使用时通常需要完善的气象保障。以固定鸭舵作为执行机构的制导迫击炮弹如图 3 - 22 所示。

图 3 - 22　以固定鸭舵作为执行机构的制导迫击炮弹

4. 舵机

舵机执行机构的工作原理是通过电动机带动舵面偏转，改变弹体所受气动力，进而改变弹体姿态，并利用弹丸的稳定性改变弹丸的飞行速度，以此进行弹道修正。舵机执行机构具有能连续提供控制力、修正精度高的特点，但其结构复杂、成本高。舵机又可分为单通道舵机、双通道舵机，对于弹道修正迫击炮弹，单通道舵机通常已具备足够的弹道修正能力。舵片形式有折叠式和非折叠式之分，如图 3 - 23 和图 3 - 24 所示。折叠式舵片的舵片面积较大，可使弹丸具备较大的机动能力，同时折叠机构使整个舵机的结构更为复杂。非折叠式舵片的舵片面积较小，结构相对简单，但是其修正能力比折叠式舵片弱。

图 3 - 23　以舵机（非折叠舵片）作为执行机构的制导迫击炮弹

综合以上分析可以看出，采用不同的执行机构进行弹道修正时具有不同的特点，各种执行机构的技术特点情况见表 3 - 2。

图 3-24　以舵机（折叠舵片）作为执行机构的制导迫击炮弹

表 3-2　执行机构技术特点情况

执行机构	CEP/m	低成本性能	技术可移植性	电磁兼容性	技术成熟度
阻力板	—	好	好	好	高
推冲器	<50	好	好	好	高
舵机	<15	一般	好	一般	高
固定鸭舵	<30	一般	好	一般	较高

|3.5　智能迫击炮弹改造关键技术|

3.5.1　制导律技术

制导律是指制导迫击炮弹飞行过程中应该遵循的规律，制导律的优劣将直接影响制导迫击炮弹的射击精度。制导迫击炮弹的制导律可分为两大类，一类是方案弹道制导律，一类是导引弹道制导律。对于方案弹道制导律，有一条预先确定的方案弹道，基于方案弹道的制导律的任务是使制导弹药沿这条预定的方案弹道飞行。导引弹道制导律则没有方案弹道，它根据被攻击目标以及制导弹药的位置和运动特性，按照选定的导引规律控制制导弹药飞行。

1. 方案弹道制导律

其适用于制导迫击炮弹的方案弹道制导方法，主要包括弹道跟踪制导和落点预测制导。

1）弹道跟踪制导

弹道跟踪制导通过弹道探测设备探测弹丸实际弹道信息，计算实际弹道与基准弹道的位置偏差，根据弹道位置偏差形成控制指令控制执行机构动作，通过执行机构动作修正实际弹道与基准弹道的偏差。该方法所需制导信息很少，制导过程中只需要弹丸的位置信息，但是由于没有考虑弹丸速度对弹道变化趋势的影响，容易造成有控弹道的过度修正。

2）落点预测制导

落点预测制导通过弹道探测设备探测弹丸弹道信息，利用弹道信息预测弹丸落点，计算预测落点与目标点的偏差，根据预测的落点偏差形成控制指令控制执行机构动作，通过执行机构动作改变弹体姿态与飞行轨迹，实现减小落点偏差的目的。从落点预测制导的制导原理可知，落点预测制导的制导精度依赖于落点预测算法的精度。目前落点预测方法分为弹道模型预测、弹道模型线性化预测、回归预测等方法。

（1）弹道模型预测是指通过对弹道模型进行数值积分得到落点坐标。采用弹丸 6 自由刚体弹道模型理论可以对弹丸落点进行准确预测，但是 6 自由度弹道模型方程较多、解算复杂，并且解算时需要准确的气象信息、弹体参数信息，一方面输入的信息较多，为弹载控制器带来较大的存储负担；另一方面，由于弹载计算机的计算能力较弱，通过 6 自由度弹道模型进行落点预测需要较长时间，落点预测的实时性较差。除了 6 自由度弹道模型外，还有对 6 自由度模型的简化形式，如 3 自由度弹道模型、4 自由度弹道模型等，这些简化的弹道模型虽然实时性有所提高，但是解算精度会有所减小，并且这些简化的弹道模型预测实时性仍然无法满足制导控制系统需求。采用弹道模型进行落点预测通常有解算精度与解算实时性的矛盾，导致弹道模型预测方法目前在工程上难以实现。

（2）为提高弹道模型预测的实时性，许多学者将刚体弹道模型进行了线性化，如修观等在一定的线性化假设条件下对弹道模型进行线性化处理，用于某炮弹的预测。李超旺、张永伟等通过对弹道模型进行泰勒展开，提出了基于摄动理论的落点偏差预测算法，并将该算法应用于火箭弹的制导控制中，取得了较好的效果。王毅等将摄动落点偏差预测算法应用于固定鸭舵式二维弹道修正榴弹，也取得了较好的预测效果。

（3）回归预测是指通过线性回归建立射程、横偏与弹道参数之间的关系式，根据实测的弹道参数通过该关系式对射程和横偏进行预测。张成通过在理想弹道和典型扰动弹道取样本点，基于线性回归建立射程和中间弹道参数的多项式模型，但是得到的多项式模型只适用特定弹道，通用性不强。

综上分析可以看出，采用弹道模型预测、弹道模型线性化预测、回归预测对落点偏差进行预测解算时精度不同，解算过程的复杂度也不同。摄动落点偏差预测算法较好地平衡了预测精度与预测实时性，并且已成功应用于弹道修正火箭弹和固定鸭舵式二维弹道修正榴弹，李超旺、张永伟、王毅等人对摄动落点偏差预测涉及的偏导数计算方法及计算步长的选择、基准弹道行数的确定、偏导数行数的确定等内容进行了详细的说明。

本书将重点分析摄动落点偏差预测算法应用于制导迫击炮弹的可行性，应用对象为 120 mm 弹道修正迫击炮弹。

（1）摄动落点偏差预测原理。

根据外弹道学理论，可以认为落点坐标是弹丸弹道上任意时刻弹道坐标和速度的函数，对基准弹道也是如此。基准弹道落点坐标与基准弹道弹丸位置 (x_c, y_c, z_c) 和基准弹道速度 (v_{xc}, v_{yc}, v_{zc}) 的函数关系可以表述为

$$\begin{cases} X_C = L(v_{xc}, v_{yc}, v_{zc}, x_c, y_c, z_c) \\ Z_C = H(v_{xc}, v_{yc}, v_{zc}, x_c, y_c, z_c) \end{cases} \tag{3-1}$$

式中，L 表示射程函数；H 表示横偏函数。

同理，实际弹道的落点坐标与实际弹丸位置 (x, y, z) 和实际弹丸速度 (v_x, v_y, v_z) 的关系可以表述为

$$\begin{cases} X = L(v_x, v_y, v_z, x, y, z) \\ Z = H(v_x, v_y, v_z, x, y, z) \end{cases} \tag{3-2}$$

弹道状态偏差的存在将导致实际弹道落点与基准弹道落点的偏差。实际弹道与基准弹道的落点偏差可以表述为射程偏差 ΔL 和横向偏差 ΔH：

$$\begin{cases} \Delta L = X - X_C \\ \Delta H = Z - Z_C \end{cases} \tag{3-3}$$

根据摄动理论，实际弹道在基准弹道附近做小振幅"摆动"，因此可将射程、横偏函数在基准弹道上做泰勒展开，得到纵、横向预测落点偏差 ΔL、ΔH，计算公式如下：

$$\begin{cases} \Delta L = \dfrac{\partial L}{\partial \boldsymbol{v}^T} \Delta \boldsymbol{v} + \dfrac{\partial L}{\partial \boldsymbol{p}^T} \Delta \boldsymbol{p} + \Delta L^{(R)} \\ \Delta H = \dfrac{\partial H}{\partial \boldsymbol{v}^T} \Delta \boldsymbol{v} + \dfrac{\partial H}{\partial \boldsymbol{p}^T} \Delta \boldsymbol{p} + \Delta H^{(R)} \end{cases} \tag{3-4}$$

式中，

$$\frac{\partial L}{\partial \boldsymbol{v}^T} = \left(\frac{\partial L}{\partial v_x} \frac{\partial L}{\partial v_y} \frac{\partial L}{\partial v_z} \right) \tag{3-5}$$

$$\frac{\partial L}{\partial \boldsymbol{p}^T} = \left(\frac{\partial L}{\partial x} \frac{\partial L}{\partial y} \frac{\partial L}{\partial z} \right) \tag{3-6}$$

$$\frac{\partial H}{\partial \boldsymbol{v}^T} = \left(\frac{\partial H}{\partial v_x} \frac{\partial H}{\partial v_y} \frac{\partial H}{\partial v_z} \right) \tag{3-7}$$

$$\frac{\partial H}{\partial \boldsymbol{p}^{\mathrm{T}}} = \left(\frac{\partial H}{\partial x} \frac{\partial H}{\partial y} \frac{\partial H}{\partial z} \right) \qquad (3-8)$$

$$\Delta \boldsymbol{v} = \begin{bmatrix} v_x - v_{xc} \\ v_y - v_{yc} \\ v_z - v_{zc} \end{bmatrix} \qquad (3-9)$$

$$\Delta \boldsymbol{p} = \begin{bmatrix} x - x_c \\ y - y_c \\ z - z_c \end{bmatrix} \qquad (3-10)$$

式中，$\Delta L^{(R)}$、$\Delta H^{(R)}$ 为泰勒展开的高次项。

在只考虑影响射程偏差和横向偏差主要因素条件下，射程偏差和横向偏差的计算公式为

$$\begin{cases} \Delta L = \dfrac{\partial L}{\partial v_x} \Delta v_x + \dfrac{\partial L}{\partial v_y} \Delta v_y + \dfrac{\partial L}{\partial y} \Delta y + \dfrac{\partial^2 L}{\partial v_x \partial v_y} \Delta v_x \Delta v_y + \dfrac{\partial^2 L}{\partial v_x \partial y} \Delta v_x \Delta y + \\[2mm] \qquad \dfrac{\partial^2 L}{\partial v_y \partial y} \Delta v_y \Delta y + \left(\dfrac{\partial^2 L}{\partial v_x^2} \Delta v_x^2 + \dfrac{\partial^2 L}{\partial v_y^2} \Delta v_y^2 + \dfrac{\partial^2 L}{\partial y^2} \Delta y^2 \right) \Big/ 2 \\[2mm] \Delta H = \dfrac{\partial H}{\partial v_z} \Delta V_z + \dfrac{\partial H}{\partial z} \Delta z \end{cases} \qquad (3-11)$$

式中，$\dfrac{\partial L}{\partial v_x}$、$\dfrac{\partial L}{\partial v_y}$、$\dfrac{\partial L}{\partial y}$、$\dfrac{\partial L^2}{\partial v_x \partial v_y}$、$\dfrac{\partial L^2}{\partial v_x \partial y}$、$\dfrac{\partial L^2}{\partial v_y \partial y}$、$\dfrac{\partial L^2}{\partial v_x^2}$、$\dfrac{\partial L^2}{\partial v_y^2}$、$\dfrac{\partial L^2}{\partial y^2}$ 称为射程对弹道高、纵向分速度和垂直分速度的偏导数和二阶偏导数。

工程应用中，基准弹道数据和偏导数在弹丸发射前通过地面计算机计算并装定到弹载控制器，实际弹道信息通过弹道探测设备探测。弹载控制器通过弹道探测设备探测弹丸的实际弹道信息，结合射前装定的基准弹道信息和偏导数信息，根据式（3-11）预测射程偏差和横向偏差。

影响纵向落点散布的主要因素有初速偏差、射角偏差、轴向力系数偏差和风的散布，影响横向落点散布的主要因素有射向偏差和风的散布。下面研究影响落点散布的主要因素对摄动落点预测算法预测精度的影响。

通过在 6.0 km 射程标准弹道状态上加入特定偏差，分析存在特定偏差时摄动落点预测算法的预测特性。

（2）无偏差时摄动落点偏差预测算法的预测特性。

仿真实际弹道时，假设弹体参数、初速、气象条件不存在任何偏差，并且炮口不存在扰动，则实际弹道与基准弹道一致。无偏差条件下摄动落点预测算法预测结果如图 3-25 所示。由图 3-25 可知，无偏差时纵向落点偏差和横向落点偏差预测值始终在 0 附近，最大偏差仅为 0.025 m，与实际落点偏差相

符，整个预测过程快速、准确，说明无偏差时摄动落点偏差预测算法基本不存在预测误差。

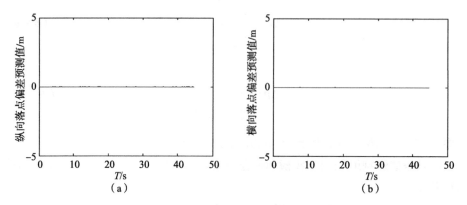

图 3-25　无偏差时落点偏差预测结果

（a）纵向落点偏差预测结果；（b）横向落点偏差预测结果

（3）存在初速偏差时摄动落点偏差预测算法的预测特性。

假设发射时仅存在初速偏差。初速偏差分别设定为 3 m/s、-3 m/s，对应的落点偏差分别为（43.19 m，0）和（-51.42 m，0）。存在初速偏差时摄动落点偏差预测算法预测结果如图 3-26 所示。

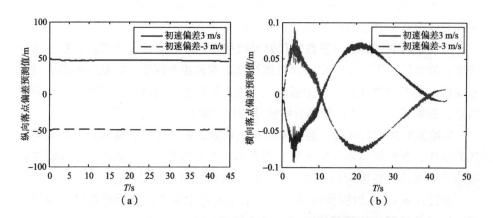

图 3-26　存在初速偏差时摄动落点偏差预测结果

（a）纵向落点偏差预测结果；（b）横向落点偏差预测结果

从图 3-26（a）可知，初速偏差为 3 m/s 时，纵向落点偏差预测值迅速收敛，始终为 47 m 左右，与实际偏差相差约 3.8 m。初速偏差为 -3 m/s 时，纵向落点偏差预测值迅速收敛，始终为 -48 m 左右，与实际偏差相差约 3.4 m。

从图 3-26（b）可知，横向落点偏差预测值小于 0.1 m，与实际横向落点偏差基本一致。综上可知，存在初速偏差时，摄动落点偏差预测算法收敛快速、预测准确，纵向预测误差小于 4 m，横向落点偏差预测基本不受影响。

（4）存在射角偏差时摄动落点偏差预测算法的预测特性。

假设发射时仅存在射角偏差，射角偏差分别设定为 0.5°、−0.5°，对应落点偏差分别为（31.9 m，0）和（−35.9 m，0）。存在射角偏差时摄动落点偏差预测结果如图 3-27 所示。

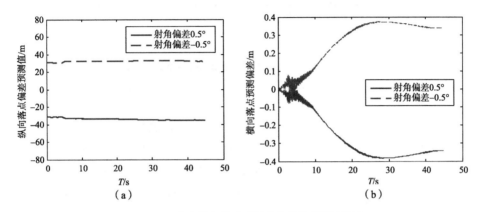

图 3-27　存在射角偏差时摄动落点偏差预测结果

（a）纵向落点偏差预测结果；（b）横向落点偏差预测结果

从图 3-27（a）可知，射角偏差为 0.5°、−0.5°时，预测落点偏差收敛很快，变化平稳，分别稳定在 32.5 m、−34.0 m，预测误差小于 3 m。从图 3-27（b）可知，横向落点偏差预测值小于 0.4，与实际偏差基本一致。

（5）存在轴向力系数偏差时摄动落点偏差预测算法的预测特性。

假设发射时仅存在轴向力系数偏差，轴向力系数偏差分别设定为 3%、−3%，对应落点偏差分别为（−62.6 m，0）和（71.4 m，0）。存在轴向力系数偏差时摄动落点偏差预测结果如图 3-28 所示。

从图 3-28（a）可知，存在轴向力系数偏差时的纵向落点偏差预测值变化趋势与存在初速、射角等偏差时的变化趋势明显不同，纵向落点偏差预测值是逐渐收敛的，纵向落点偏差预测值从 0 逐渐收敛到实际偏差值。当弹丸实际的轴向力系数相对于标准轴向力系数偏大时，纵向落点偏差预测值随飞行时间逐渐减小，当弹丸实际的轴向力系数相对于标准轴向力系数偏小时，纵向落点偏差预测值随飞行时间逐渐变大。从图 3-28（b）可知，横向落点偏差预测值小于 0.2 m，与实际偏差基本一致。

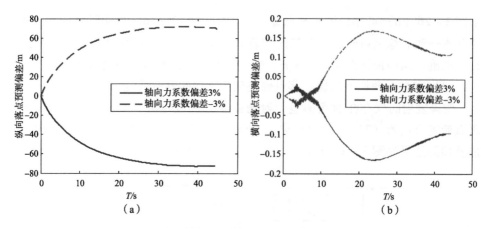

图3-28 存在轴向力系数偏差时摄动落点偏差预测结果

（a）纵向落点偏差预测结果；（b）横向落点偏差预测结果

（6）存在纵风干扰时摄动落点偏差预测算法的预测特性。

假设发射时仅存在纵风干扰，纵风干扰分别设定为 1 m/s、−1 m/s，对应落点分别为（−26.15 m, 0）和（25.24 m, 0）。存在纵风干扰时摄动落点偏差预测结果如图3-29所示。从图3-29（a）可知，存在纵风时的纵向落点偏差预测值变化趋势是逐渐收敛的，从0逐渐收敛到实际偏差值，即摄动落点偏差预测算法的预测误差随飞行时间逐渐减小；当纵风为正时，纵向落点偏差预测值随飞行时间逐渐变小，当纵风为负时，纵向落点偏差预测值随飞行时间逐渐变大。从图3-29（b）可知，横向落点偏差预测值小于1 m，与实际横向落点偏差值相符。

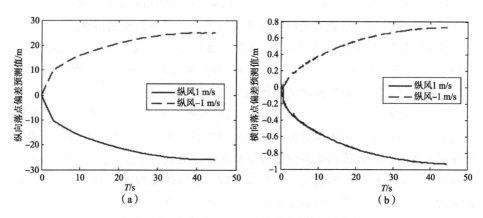

图3-29 存在纵风干扰时摄动落点偏差预测结果

（a）纵向落点偏差预测结果；（b）横向落点偏差预测结果

（7）存在射向偏差时摄动落点偏差预测算法的预测特性。

假设发射时仅存在射向偏差，射向偏差分别设定为 0.5°、−0.5°，对应落点偏差分别为（0，−93.26 m）和（0，80.79 m）。存在射向偏差时摄动落点偏差预测结果如图 3−30 所示。

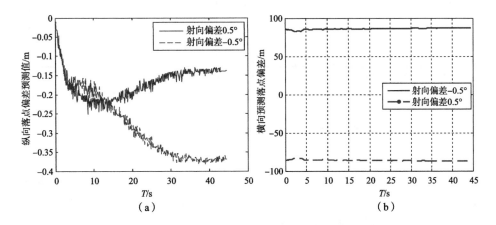

图 3−30　存在射向偏差时摄动落点偏差预测结果
（a）纵向落点偏差预测结果；（b）横向落点偏差预测结果

从图 3−30（a）可知，纵向落点偏差预测值小于 0.4 m，与实际偏差基本一致。从图 3−30（b）可知，射向偏差为 0.5°、−0.5°时，横向落点偏差预测值收敛很快，变化平稳，分别稳定在 −88.4 m、85.4 m，预测误差小于 5 m。

（8）存在横风干扰时摄动落点偏差预测算法的预测特性。

假设发射时弹体参数不存在任何偏差，初速为标准值，炮口不存在扰动，仅存在横风干扰。横风干扰分别设定为 1 m/s、−1 m/s，对应落点分别为（0，−14.3 m）和（0，14.1 m）。存在横风干扰时摄动落点偏差预测结果如图 3−31 所示。从图 3−31（a）可知，纵向落点偏差预测值小于 2 m，预测误差较小。从图 3−31（b）可知，存在横风时的横向落点偏差预测值变化趋势也是逐渐收敛的，从 0 逐渐收敛到实际偏差值。

（9）摄动落点偏差预测算法的预测特性总结。

通过以上仿真分析可得到摄动落点偏差预测算法的如下特性：①存在初速、射角射向误差时，摄动落点偏差预测算法能够快速、准确预测出落点偏差。初速、射角射向误差可迅速体现在弹道位置、速度的变化，因此初速、射角射向误差造成的落点偏差在出炮口时已经是确定的，这是摄动落点偏差预测算法能在弹丸飞行的早期阶段预测出落点偏差的前提条件。摄动落点偏差预测算法能够快速、准确预测出落点偏差，这说明了摄动落点偏差预测算法具有较

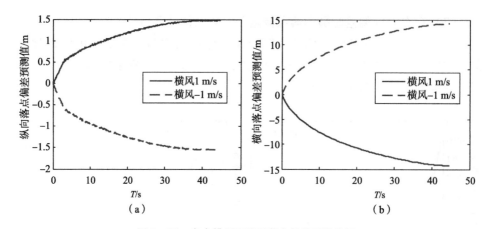

图 3 - 31　存在横风干扰时落点偏差预测结果

（a）纵向落点偏差预测结果；（b）横向落点偏差预测结果

高的预测精度。②存在轴向力系数偏差和风的干扰时，摄动落点偏差预测算法有一定的预测误差，该误差随飞行时间的增大而逐渐减小。轴向力系数偏差和风的干扰对弹道位置、速度的影响逐渐积累的，轴向力系数偏差和风的干扰造成的落点偏差也是逐渐积累的，所以飞行过程中摄动落点偏差预测算法的预测误差是不可避免的。

　　根据摄动落点偏差预测算法的预测特性以及制导迫击炮弹的散布特点，可以判断出摄动落点偏差预测算法是适用于制导迫击炮弹的，原因如下：①存在射角射向偏差和初速偏差时，摄动落点偏差预测算法预测准确，误差较小；②尽管存在轴向力系数偏差和风的干扰时，摄动落点偏差预测算法存在预测误差，但是预测的落点偏差极性通常是正确的，并且预测误差会随着飞行时间逐渐减小。

　　（10）基于摄动落点偏差预测的制导控制效果。

　　图 3 - 32、图 3 - 33 所示为在 120 mm 弹道修正迫击炮弹中应用落点预测制导的结果。图 3 - 32 所示为弹丸飞行过程中落点偏差预测值的变化过程，摄动落点预测算法能够快速准确预测出横向落点偏差，10 s 时横向落点偏差预测值为 73.2 m（无控状态下横偏 69.1 m），预测误差为 4.1 m，预测误差较小，启控后，横向落点偏差预测值迅速减小，经历一个小幅超调过程后趋近于 0 m。纵向落点偏差预测值则有一个逐渐收敛的过程（受轴向力系数偏差和风的影响），3 ~ 10 s，纵向落点偏差预测值从 -100.7 m 逐渐收敛到 -110.4 m，10 s 时纵向落点偏差预测值为 -110.4 m（无控状态下射程偏差 -131.6 m），预测误差为 -21.2 m，虽然有一定的预测误差，但是预测方向是正确的，并不会对弹道修正造成太大影响。启控后，纵向落点偏差预测值从 10 s 时的

−110.4 m 逐渐减小至 20.5 s 时的 −65.6 m，说明这一时间段舵机起到远修的作用。20.5~24.8 s，纵向落点偏差预测值 −65.6 m 增加到 −72.9 m，这一时间段舵机虽然也在进行纵向修正，但是这一时间段在弹道顶点附近，舵机修正能力很弱，纵向落点偏差预测值受轴向力系数偏差和风的影响而呈现出逐渐增大的变化趋势。24.8 s 后，纵向落点偏差预测值逐渐减小至 0 附近。图 3 − 33 所示为控制过程中的舵控角变化曲线，舵控角随时间的分布较为合理，启控后，舵控角迅速达到最大值，这时的舵控效率较高，可以充分利用舵机修正能力。

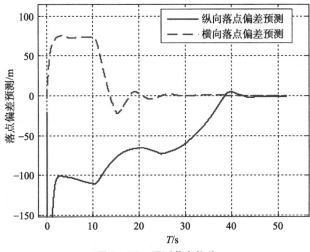

图 3 − 32　预测落点偏差

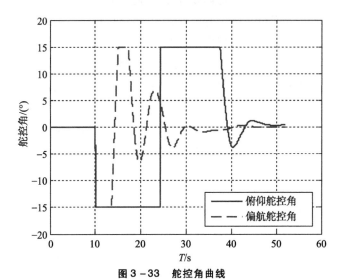

图 3 − 33　舵控角曲线

从上述弹道修正效果仿真可知，摄动落点偏差预测制导方法应用于制导迫击炮弹有以下特点：①适用于全弹道制导。摄动落点偏差预测算法的预测精度较高，具备全弹道预测能力，尽管轴向力系数偏差和风的干扰会造成一定的预测误差，但是预测的落点偏差极性通常是正确的，并且预测误差会随着飞行时间逐渐减小。②对修正能力的利用效率高。舵控角分布合理，能够充分利用舵机的修正能力。③制导精度较高。模拟打靶结果显示，摄动落点偏差预测制导方法能够取得较高的制导精度，但是当轴向力系数偏差和风的干扰较大时，摄动落点偏差预测算法预测精度受到影响，这时摄动落点偏差预测制导方法会存在一定的方法误差。④工程应用上有一定的操作复杂性。工程应用中需要地面计算机解算基准弹道、偏导数等数据并装定到弹载控制器，具有一定的操作复杂性。

2. 导引弹道制导律

按照设计原理和运动特性，导引弹道制导方法可分为古典导引方法和现代导引方法。把建立在弹丸质心运动基础上所实现的三点法、追踪法、比例导引法、平行接近法等称为古典导引法。把建立在现代控制理论基础上的导引法称为现代导引法，如微分对策导引法、最优导引法OPG、非线性导引律等。

古典导引法中，三点法和追踪法常用于遥控制导的地空导弹，平行接近法难以实现，它们都不适用于弹道修正迫击炮弹。比例导引律所需测量信息少、易于控制，广泛应用于各种类型的制导弹药中。针对不同的需求或约束，有许多学者提出了多种改进形式的比例导引律。针对弹药大落角的需求，高峰通过建立攻顶弹道末制导段弹目相对运动模型，提出了一种基于落角约束的偏置比例导引律，并研究了落角约束对导引律法向过载的影响，通过设计盲区控制方案减小了命中点法向过载。张旭构造了带有落角约束的导弹运动学方程，并设计了自由切换导航系数的自适应比例制导律。针对目标机动对比例导引律的影响，张飞宇应用随机过程及成型滤波器的理论知识，构建了目标随机机动及过程噪声模型，建立了基于过程噪声与测量噪声的增强型比例导引工程应用模型。

古典导引法对于不确定的机动性目标难于获得理想的制导效果。为克服目标机动和测量噪声等不确定因素的影响，提高导引性能，最优导引律、微分对策导引律、追踪非线性导引律等现代导引法相继被提出。

经典比例导引律所需测量信息少，易于控制，应用广泛。弹道修正迫击炮弹定位于打击固定点目标或固定小幅员面目标，不涉及目标机动问题，同时迫击炮弹弹道弯曲，射角一般为 $45° \sim 80°$，落角较大，因此不需要进行落角控制，理论上可以应用经典比例导引律，本节探讨比例导引律在迫击炮弹中的应用问题。

1）比例导引律

（1）比例导引律制导原理。

弹丸与目标点在纵向平面内的相对运动关系如图 3 – 34 所示，假设目标点为 T，坐标为 (x_T, y_T)，M 代表弹丸的实时位置，坐标采用 (x_m, y_m) 表示，q 为视线角，θ 为弹道倾角。

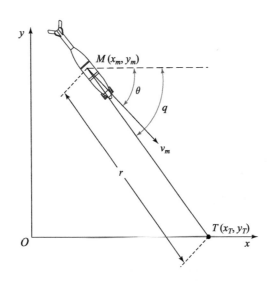

图 3 – 34　弹丸与目标点在纵向平面内的相对运动关系

根据比例导引律定义，弹丸速度转动角速度与视线旋转角速度成正比，即应满足

$$\begin{cases} \dot{\theta} = k_{PL} \dot{q}_L \\ \dot{\psi}_v = k_{PH} \dot{q}_H \end{cases} \tag{3 – 12}$$

式中，$\dot{\theta}$ 为弹道倾角变化率；k_{PL} 为纵向平面比例系数；$\dot{q}_L$ 为纵向平面视线角速度；$\dot{\psi}_v$ 为弹道偏角变化率；k_{PH} 为横向平面比例系数；$\dot{q}_H$ 为横向平面视线角速度。

视线角速度 $\dot{q}_L$ 和 $\dot{q}_H$ 可以通过弹丸的位置和速度信息以及目标点的位置信息计算而得，计算方法为

$$\begin{cases} \dot{q}_L = \dfrac{\Delta x \cdot v_{ym} - \Delta y \cdot v_{xm}}{D^2} \\ \dot{q}_H = \dfrac{\Delta x \cdot v_{zm} - \Delta z \cdot v_{xm}}{D^2} \end{cases} \tag{3 – 13}$$

式中，$(\Delta x, \Delta y, \Delta z)$ 为弹丸位置与目标点位置的偏差；D 为弹目距离；

（ v_{xm} , v_{ym} , v_{zm} ）为弹丸速度。

弹丸位置与目标点位置偏差（ Δx , Δy , Δz ）的计算公式为

$$\begin{cases} \Delta x = x_T - x_m \\ \Delta y = y_T - y_m \\ \Delta z = z_T - z_m \end{cases} \qquad (3-14)$$

弹目距离 D 的计算公式为

$$D = \sqrt{\Delta x^2 + \Delta y^2 + \Delta z^2} \qquad (3-15)$$

对式（3-12）进行积分，可得

$$\begin{cases} \theta_{cx} = \theta_0 + k_{PL}(q_L - q_{L0}) \\ \psi_{Vcx} = \psi_{V0} + k_{PH}(q_H - q_{H0}) \end{cases} \qquad (3-16)$$

式中，θ_{cx} 为指令弹道倾角；ψ_{Vc} 为指令弹道偏角；θ_0 、ψ_{V0} 分别为比例导引开始时的弹道倾角和弹道偏角；q_{L0} 、q_{H0} 分别为比例导引开始时的纵向平面弹目视线角和横向平面弹目视线角。

通过弹丸位置和速度信息计算弹道倾角和弹道偏角的公式为

$$\begin{cases} \theta = \arctan\left(\dfrac{v_{ym}}{v_{xm}}\right) \\ \psi_V = \arcsin\left(\dfrac{-v_{zm}}{v_m}\right) \end{cases} \qquad (3-17)$$

根据弹丸弹道倾角、弹道偏角和指令弹道倾角、指令弹道偏角的差值计算纵向、横向制导信号：

$$\begin{cases} U_\theta = \theta - \theta_{cx} \\ U_{\psi_v} = \psi_V - \psi_{Vcx} \end{cases} \qquad (3-18)$$

式中，U_θ 为纵向制导信号；U_{ψ_v} 为横向制导信号。

纵向平面制导回路以 U_θ 为控制变量，横向平面制导回路以 U_{ψ_v} 为控制变量，俯仰舵控角和偏航舵控角的计算方法为

$$\begin{cases} \delta_z = -k_L \cdot K_1 \cdot U_\theta \\ \delta_y = k_H \cdot K_1 \cdot U_{\psi_v} \end{cases} \qquad (3-19)$$

式中，k_L 为纵向放大系数；k_H 为横向放大系数；K_1 为导引系统增益。

（2）比例导引的制导控制效果。

通过典型弹道的仿真进一步分析比例导引律的弹道控制过程。根据典型弹道仿真状态仿真的基准弹道、无控弹道、有控弹道对比曲线（图3-35），最终纵向落点偏差为5.4 m，横向落点偏差为-0.3 m。

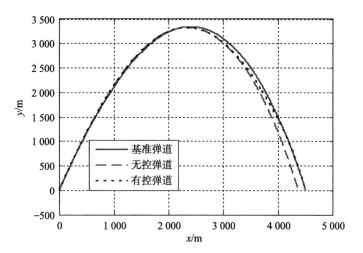

图 3 – 35　纵向位移 – 弹道高曲线

　　图 3 – 36 所示为该弹道无控条件下、有控条件下弹道倾角与指令弹道倾角的对比情况。从图 3 – 36 可知，指令弹道倾角呈现出直线变化的趋势，而由于弹道本身变化规律以及修正能力约束，弹道修正迫击炮弹弹道倾角难以呈现出直线变化的变化趋势，因此，有控弹道倾角与指令弹道倾角始终差别较大，47.2 s 之前指令弹道倾角大于无控弹道倾角，在控制作用下，有控弹道倾角有接近指令弹道倾角的趋势，但是指令弹道倾角与无控弹道倾角的差值过大，有控弹道倾角始终无法跟踪上指令弹道倾角。在 47.2 s 处，有控弹道倾角等于指令弹道倾角，随即两者差值又迅速拉大。从图 3 – 37 可知，俯仰舵控角绝大

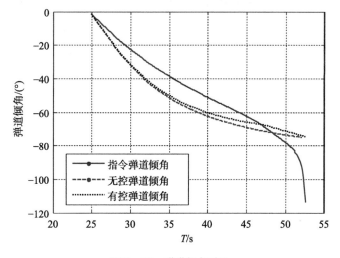

图 3 – 36　弹道倾角对比

部分时间处于最大值15°。从图3－38可知，有控弹道偏角基本能跟踪上指令弹道偏角的变化，指令弹道偏角与有控弹道偏角的差值始终维持在较小范围内，最终的横向落点偏差较小。图3－39所示为偏航舵控角变化曲线，从图可知，启控后偏航舵控角迅速增大到－8.2°，随后逐渐较小，偏航舵控角分布合理。

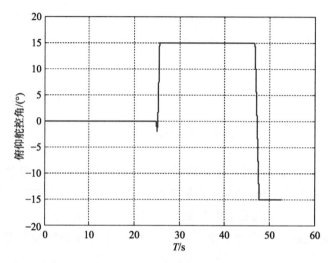

图3－37　俯仰舵控角变化曲线

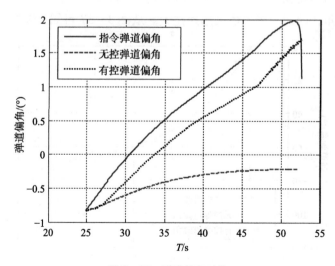

图3－38　弹道偏角对比

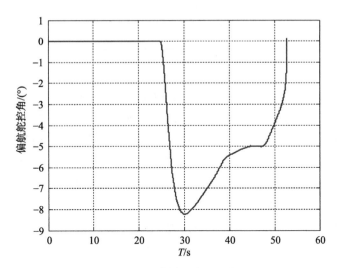

图 3-39　偏航舵控角变化曲线

（3）比例导引律的特点。

从弹道修正效果仿真可知，比例导引律在横向平面制导和纵向平面制导时有不同的特点。在纵向制导平面实施比例导引时，指令弹道倾角不符合弹道倾角变化规律，致使有控弹道倾角始终无法跟踪上指令弹道倾角，制导精度较差。在横向平面制导时，指令弹道偏角符合弹道偏角的变化规律，有控弹道偏角能跟踪上指令弹道偏角的变化，制导精度较高，偏航舵控角分布合理，可充分利用舵机的横向修正能力。

2）自适应比例导引律

从比例导引律应用于制导迫击炮弹的弹道修正效果可知，比例导引律不适用于弹道修正迫击炮弹的纵向制导平面，原因主要是比例导引律形成的指令弹道倾角不符合弹道倾角变化规律，在弹道修正迫击炮弹修正能力非常有限的情况下，有控弹道倾角无法跟踪上指令弹道倾角。本节对比例导引律形成的指令弹道倾角不符合弹道倾角变化规律的成因进行分析，提出一种纵向平面自适应比例导引律，比例系数根据弹丸位置自适应变化，形成的指令弹道倾角符合弹道倾角变化规律，便于有控弹道跟踪，提高比例导引律在纵向平面的制导精度。

（1）迫击炮弹弹道特性对比例导引的影响。

假设弹丸在接近目标过程中弹道倾角变化率与视线角速度成如下关系：

$$\dot{\theta} = k'_{PL}\dot{q}_L \tag{3-20}$$

式中，k'_{PL} 为弹道倾角变化率与视线角速度的比值。

则实际的弹道倾角可表示为

$$\theta = \theta_0 + k'_{PL}(q_L - q_{L0}) \qquad (3-21)$$

将式（3-16）与式（3-21）代入式（3-18），可得

$$U_\theta = (k'_{PL} - k_{PL}) \cdot (q_L - q_{L0}) \qquad (3-22)$$

弹丸的俯仰舵控角可表示为

$$\delta_z = -k_L \cdot K_1 \cdot (k'_{PL} - k_{PL}) \cdot (q_L - q_{L0}) \qquad (3-23)$$

式中，k_L 和 K_1 是根据弹道特性设定的，弹目视线角的变化值（$q_L - q_{L0}$）虽然受控制的影响，但是弹道修正迫击炮弹的外弹道相对稳定，弹目视线角的变化（$q_L - q_{L0}$）主要由弹丸与目标的相对运动特性决定。需用过载与俯仰舵控角是对应的，因此需用过载主要取决于比例系数 k_{PL} 和实际弹道中弹道倾角变化率与视线角速度比值 k'_{PL} 的差别。

从式（3-23）可知，在应用比例导引时，设定的比例系数应与弹道本身的弹道倾角变化率与视线角速度比值相匹配，否则将增大需用过载。下面分析迫击炮弹标准弹道接近目标过程中弹道倾角变化率与视线角速度比值的变化趋势，这里的标准弹道是指弹丸不存在结构、安装等误差，外界没有任何干扰的弹道。分别将大射程弹道与小射程弹道的落点设为目标点，计算迫击炮弹接近目标过程中弹道倾角变化率与视线角速度比值，如图3-40所示，可以看出，大射程时，弹道倾角变化率与视线角速度比值变化平稳，进入降弧段时约为 -2.4，弹丸落地时约为 -2.2；小射程时，弹道倾角变化率与视线角速度比值变化幅度较大，进入降弧段时为 -21.3，弹丸落地时约为 -1.2。

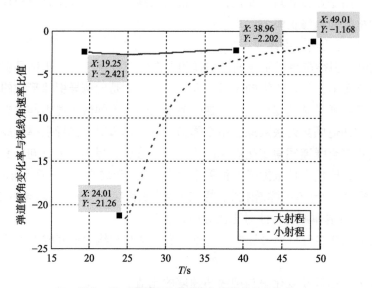

图3-40 弹道倾角变化率与视线角速度比值

通过以上分析可知：

①大射程时，弹道倾角变化率与视线角速度比值变化范围较小，从 -2.4 变化到 -2.2，这是应用比例导引的有利条件，比如可将比例系数设为 -2.3 左右，根据式（3 – 23），可保证需用过载维持在较小范围内。

②小射程时，弹道倾角变化率与视线角速度比值变化范围较大，大致呈逐渐变小的趋势，从 -21.3 变化到 -1.2，在经典的比例导引中，要维持弹道倾角变化率与视线角速度比值在固定的比例系数上，这就难以完成，无论将比例系数 k_{PL} 设为何值，都会与实际弹道中弹道倾角变化率与视线角速度比值 k'_{PL} 有较大差别，造成需用过载较大，超过可用过载。这就是迫击炮弹弯曲的弹道特性给应用比例导引带来的难题。

（2）自适应比例导引律制导原理。

针对弹道修正迫击炮弹弹道特性对比例导引律的影响，提出一种自适应比例导引律，旨在使弹道修正迫击炮弹在接近目标过程中根据自身位置不断调整比例系数而不是使用常系数，使弹道修正迫击炮弹的比例系数始终与实际弹道的弹道倾角变化率与视线角速度比值相匹配。

该方法的思路是：首先通过搜索射角确定一条可正中目标的标准弹道，通过该弹道信息计算弹道倾角变化率 $\dot{\theta}'$ 与视线角速度 $\dot{q}'$ 比值 k'_{PL}。从图 3 – 40 可知，k'_{PL} 不是固定的，而是随弹丸的运动而不断变化，假设在弹道修正迫击炮弹攻击目标过程中，始终使比例系数 k_{PL} 等于 k'_{PL}，则对标准弹道而言，飞控系统不需弹道修正便可击中目标。因此，令比例系数 k_{PL} 等于 k'_{PL}，则比例系数是和标准弹道的弹道倾角变化率与视线角速度比值完全匹配的，因此令 k_{PL} 等于 k'_{PL} 对标准弹道是最优的。

实际上，弹丸通常不能直接命中目标，因为气象环境条件在不断变化，弹体的制造和安装存在公差、弹药质量偏差等，都会造成实际弹丸落点偏离目标。对于迫击炮弹来说，通常实际弹道与标准弹道偏差不大，在标准弹道附近摄动。因此，可以令比例系数 k_{PL} 等于由标准弹道确定的 k'_{PL}，即

$$k_{PL} = k'_{PL} = \frac{\theta'}{\dot{q}'_L} \qquad (3 - 24)$$

尽管实际弹道与标准弹道的有差别，但这种差别非常小，因此采用式（3 – 24）可确保采用的比例系数和实际弹道的弹道倾角变化率与视线角速度比值差别较小，有利于弹丸击中目标。

（3）自适应比例导引律的制导控制效果。

通过典型弹道的仿真进一步分析自适应比例导引律的弹道修正过程。弹丸无控、有控状态下的纵向位移 – 弹道高曲线如图 3 – 41 所示，启控后有控弹道

逐渐逼近基准弹道，最终的纵向落点偏差为 0.09 m。

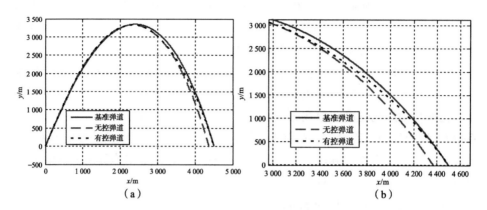

图 3 - 41　纵向位移 - 弹道高曲线
（a）全局图；（b）局部图

图 3 - 42 所示为该弹道无控条件下、有控条件下弹道倾角与指令弹道倾角的对比情况。从图 3 - 42 可知，指令弹道倾角的变化趋势与无控弹道倾角变化趋势基本一致，整个制导过程中，有控弹道倾角能跟踪上指令弹道倾角的变化。从图 3 - 43 可知，开始启控后，俯仰舵控角迅速增大到 15°，一段时间后，逐渐降低并维持在 5° 以下，舵控角分布合理，充分利用了舵机修正能力。

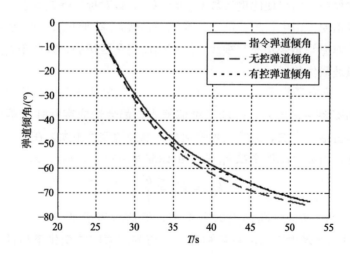

图 3 - 42　自适应比例导引弹道倾角对比

（4）自适应比例导引律的特点。

从自适应比例导引律制导原理与弹道修正效果仿真可知，自适应比例导引

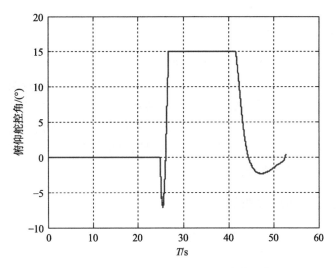

图 3 - 43　自适应比例导引俯仰舵控角变化曲线

律有以下特点：①适用于纵向平面降弧段制导。自适应比例导引时，比例系数始终与实际弹道的弹道倾角变化率与视线角速度比值相匹配，指令弹道倾角与弹道倾角变化趋势一致，便于有控弹道倾角跟踪。启控条件为进入降弧段启控时取得的射击精度最高，启控时间早于弹道顶点时间时射击精度反而有所降低。②对修正能力的利用效率高。俯仰舵控角分布合理，能够充分利用舵机在弹道降弧段的修正能力。③制导精度高。与弹道追踪制导方法、摄动落点偏差预测制导方法、比例导引律同条件下进行的模拟打靶显示，自适应比例导引律在纵向平面降弧段取得的射击精度最高。

3.5.2　装药号选择技术

对于迫击炮弹，装药号是影响其射击精度的一个重要因素，迫击炮弹配有多个装药号，射击特定目标时通常有多个装药号可供选择，传统的装药号选择方法是根据炮目距离选择适用的小装药号进行射击，因为这样可以获得较小的落点散布，同时减少对炮膛的烧蚀。而随着制导迫击炮弹的发展，原有的针对无控迫击炮弹的装药号选择方法是否适用于制导迫击炮弹，是否有利于提高制导迫击炮弹射击精度是值得研究的。

随着制导控制系统的引入，制导迫击炮弹射击精度不仅与迫击炮弹受到的各种随机干扰有关，还与执行机构修正能力、制导方法等有关。本节以提高制导迫击炮弹射击精度为目标，分析射击同一射程目标时装药号对落点散布的影响以及对修正能力的影响，并将装药号对落点散布与修正能力的影响进行量化分析与对比，研究传统装药号选择方法对于制导迫击炮弹的适用性。

1. 装药号的选择问题

迫击炮弹通常配备多个装药号，如某型弹道修正迫击炮弹配有七个装药号。装药号越大，迫击炮弹覆盖的射程越大、越广，不同装药号覆盖的射程有重叠部分，对于特定射程可能有多达四个装药号可供使用。装药号的不同，意味着不同的初速、射角、弹道。如何选择装药号，以利于达到最高的射击精度是一个值得研究的问题，本书将从装药号对迫击炮弹落点散布和执行机构修正能力的影响入手研究该问题。

2. 装药号对落点散布的影响

弹道修正迫击炮弹无控状态下的落点散布是影响弹道修正迫击炮弹射击精度的一个重要方面，弹道修正迫击炮弹无控状态下的落点散布越小，制导过程中所需修正能力越小，因此有必要研究装药号对落点散布的影响。根据外弹道学理论，落点的距离散布主要由初速、射角、轴向力系数和风的散布所引起，而落点的方向散布主要由射向和风的散布引起。以某射程为例，选择不同装药号时射程对各因素敏感因子如表 3－3 所示，横偏对各因素敏感因子如表 3－4 所示。从表 3－3 可知，射击同一射程时，射程对各因素敏感因子表现出不同的变化规律，射程对初速敏感因子随装药号的增大而减小，射程对其他因素敏感因子随装药号的增大而增大。从表 3－4 可知，射击同一射程时，选择的装药号越大，横偏对射向和横风的敏感因子越大。

表 3－3　射程对各因素敏感因子

装药号	$\dfrac{\partial X}{\partial v_0}\Big/\left[\mathrm{m\cdot(m\cdot s^{-1})^{-1}}\right]$	$\dfrac{\partial X}{\partial c}\Big/(\mathrm{m/\%})$	$\dfrac{\partial X}{\partial \theta_0}\Big/\left[\mathrm{m\cdot(°)^{-1}}\right]$	$\dfrac{\partial X}{\partial W_x}\Big/\left[\mathrm{m\cdot(m\cdot s^{-1})^{-1}}\right]$
4	26.2	－10.8	－0.97	10.1
5	20.0	－12.6	－2.11	14.4
6	14.2	－14.1	－2.67	17.8
7	11.5	－15.3	－2.99	19.3

表 3－4　横偏对各因素敏感因子

装药号	$\dfrac{\partial Z}{\partial \Psi_{v0}}\Big/\left[\mathrm{m\cdot(°)^{-1}}\right]$	$\dfrac{\partial Z}{\partial W_z}\Big/\left[\mathrm{m\cdot(m\cdot s^{-1})^{-1}}\right]$
4	－2.04	7.2
5	－2.92	10.8
6	－3.38	13.3
7	－3.69	15.1

根据表 3 - 3、表 3 - 4 中所示射程、横偏对各因素敏感因子，可计算出射程和横偏中间偏差，如表 3 - 5 所示。

表 3 - 5　不同装药号对应的落点散布

装药号	E_X/m	E_Z/m
4	49. 33	30. 35
5	54. 73	44. 19
6	60. 46	52. 43
7	64. 40	58. 14

从表 3 - 5 可知，射击同一射程目标时，落点散布随选择的装药号增大而增大，装药号对落点散布有重要影响，同样射程，采用 7 号装药时的射程散布比采用 4 号装药增大了 30.5%，采用 7 号装药时的横偏散布比采用 4 号装药增大了 91.6%。射程散布随装药号的增大幅度小于横偏散布，主要原因是：射程对初速敏感因子是随装药号的增大而逐渐减小的。

以 4 倍的射程中间偏差和横偏中间偏差为半轴画出等概率密度椭圆，称为整散布椭圆，该椭圆能够涵盖 97% 的弹丸落点。4 号、5 号、6 号、7 号对应的整散布椭圆如图 3 - 44 所示。

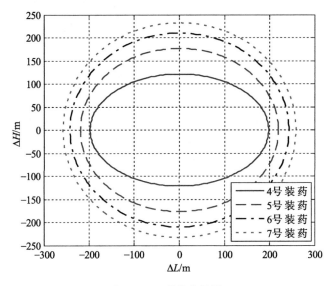

图 3 - 44　整散布椭圆

3. 装药号对修正能力的影响

对于弹道修正迫击炮弹，随着制导控制系统的引入，弹道修正迫击炮弹射

击精度不仅与迫击炮弹受到的随机干扰有关，还与执行机构修正能力密切相关，下面研究装药号对舵机修正能力的影响。基于舵机控制方法，修正能力计算方法为：

（1）无控条件下仿真标准弹道，得到标准弹道落点。

（2）确定启控时间为 10 s。

（3）设置不同舵控相位以获取舵机在各个方向的修正能力，以 10° 为间隔设 36 个舵控相位 ϕ。为获取最大修正能力，根据等效俯仰舵偏角对射程修正作用模型，利用判别因子 a 对舵控相位实施切换，当 $a > 0$ 时舵控相位设为 ϕ，当 $a \leqslant 0$ 时舵控相位设为 $\pi - \phi$。

（4）到达启控时间后，舵控相位按步骤（2）中设置，舵控幅值置于最大值（15°），得到控制弹道落点。

（5）标准弹道落点坐标减去控制弹道落点坐标得到舵机的修正能力曲线。

采用上述流程得到舵机的修正能力曲线，如图 3 - 45 所示。

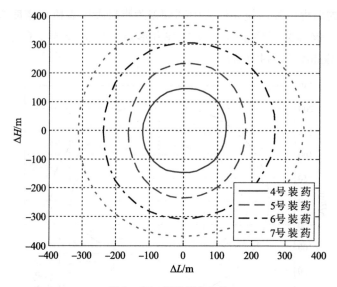

图 3 - 45 修正能力曲线

从图 3 - 45 可以看出，舵机在各个方位的修正能力都随装药号的增大而增大。采用 7 号装药时的纵向修正能力比采用 4 号装药增大了约 80%，采用 7 号装药时的横向修正能力比采用 4 号装药增大了约 125%。装药号增大时修正能力增强的原因有两个：①装药号越大，初速越大，动压越高，因此舵偏所产生的控制力越大；②装药号越大，射角越大，飞行时间越长，因此可修正时间也越长。

4. 装药号对射击精度的影响

落点散布和修正能力是直接影响弹道修正迫击炮弹射击精度的两个方面，从上述分析可知，射击特定目标时，装药号越大，落点散布越大，与此同时，修正能力越大，这两方面对射击精度的影响是矛盾的。从前文可知，选择的装药号增大时，修正能力的增幅（百分比）大于落点散布的增幅。因此，理论上选择大装药号可以增加修正能力对落点散布的覆盖率。4 号、5 号、6 号、7 号装药时修正能力曲线与落点整散布椭圆的对比情况如图 3 – 46 所示。从图 3 – 46 可知，装药号越大，修正能力对落点整散布椭圆的覆盖率越大，因此，在有装药号可供选择时，选择较大的装药号更有利于提高射击精度。

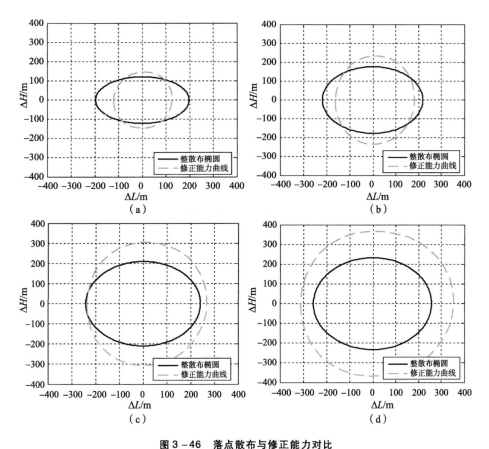

图 3 – 46　落点散布与修正能力对比

（a）4 号装药；（b）5 号装药；（c）6 号装药；（d）7 号装药

以上分析虽然表明装药号越大修正能力对落点整散布椭圆的覆盖率越大，但是修正能力对落点整散布椭圆的覆盖率并不能代表最终的射击精度，不同的弹道特点可能会对飞行控制算法利用修正能力的效率产生影响。

通过模拟打靶分析装药号对射击精度的影响，进行以下仿真试验：

1）仿真试验 1

选择 4 号装药，射角 52.40°。模拟打靶结果如图 3 - 47（a）所示。采用 4 号装药射击时，弹道修正迫击炮弹无控状态下纵向落点偏差范围为 - 202.9 ~ 193.3 m，横向落点偏差范围为 - 106.2 ~ 91.8 m，CEP 为 72.1 m。有控状态下纵向落点偏差范围为 - 72.3 ~ 53.1 m，横向落点偏差范围为 - 7.0 ~ 4.8 m，CEP 为 7.9 m。从模拟打靶结果可知，弹道修正迫击炮弹横向落点偏差都得到了修正，但是部分弹道的纵向落点偏差仍然较大，这与图 3 - 46 中修正能力对落点散布的覆盖情况是一致的。

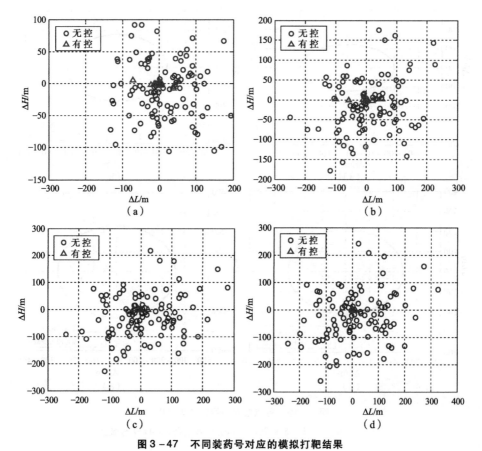

图 3 - 47　不同装药号对应的模拟打靶结果

（a）4 号装药；（b）5 号装药；（c）6 号装药；（d）7 号装药

2）仿真试验 2

选择 5 号装药，射角为 68.76°。模拟打靶结果如图 3 – 47（b）所示。采用 5 号装药射击时，弹道修正迫击炮弹无控状态下纵向落点偏差范围为 – 249.4 ~ 225.5 m，横向落点偏差范围为 – 177.8 ~ 175.1 m，CEP 为 93.3 m。有控状态下纵向落点偏差范围为 – 100.5 ~ 53.0 m，横向落点偏差范围为 – 3.2 ~ 3.5 m，CEP 为 8.6 m。从模拟打靶结果可知，弹道修正迫击炮弹横向落点偏差都被修正到较小范围内，大部分弹道的纵向落点偏差较小，但是部分纵向落点偏差仍然较大。

3）仿真试验 3

选择 6 号装药，射角为 64.36°。模拟打靶结果如图 3 – 47（c）所示。采用 6 号装药射击时，弹道修正迫击炮弹无控状态下纵向落点偏差范围为 – 240.8 ~ 280.2 m，横向落点偏差范围为 – 227.6 ~ 217.7 m，CEP 为 106.7 m。有控状态下纵向落点偏差范围为 – 23.0 ~ 23.3 m，横向落点偏差范围为 – 2.8 ~ 3.0 m，CEP 为 2.6 m。从模拟打靶结果可知，弹道修正迫击炮弹横向落点偏差都被修正到较小范围内，但是大部分弹道的纵向落点偏差较小，受纵向修正能力的制约，个别弹道的纵向落点偏差较大。

4）仿真试验 4

选择 7 号装药，射角为 71.22°。模拟打靶结果如图 3 – 47（d）所示。采用 7 号装药射击时，弹道修正迫击炮弹无控状态下纵向落点偏差范围为 – 243.8 ~ 280.2 m，横向落点偏差范围为 – 261.6 ~ 241.8 m，CEP 为 121.8 m。有控状态下纵向落点偏差范围为 – 0.7 ~ 10.0 m，横向落点偏差范围为 – 2.9 ~ 2.5 m，CEP 为 1.3 m。从模拟打靶结果可知，弹道修正迫击炮弹横向落点偏差和纵向落点偏差都被修正到较小范围内。

对比仿真试验 1、仿真试验 2、仿真试验 3、仿真试验 4 的结果可知，选择 6 号装药和 7 号装药时的打靶结果要明显优于选择 4 号装药和 5 号装药时的打靶结果，其中 7 号装药取得的射击精度最高。

5. 制导迫击炮弹的装药号选择策略

基于以上分析可知，对于制导迫击炮弹，增大装药号时可同时提高制导迫击炮弹的控制能力和弹丸无控状态下的落点散布，但是控制能力的提高程度更大，因此选择大装药号时更有利于提高射击精度，蒙特卡洛模拟打靶结果也证明了这一点。因此，从提高制导迫击炮弹射击精度的角度考虑，建议对制导迫击炮弹采取的装药号选择方法为：根据炮目距离选择适用的大装药号进行射击。

3.5.3 仿真辅助技术

制导子系统的特性会对弹药精度产生影响，分析制导子系统对精度有重要影响的特性，并对该特性进行严格的采购控制，或采用影响补偿措施加以削弱，将非常有助于提升弹药的落点精度。

1. 卫星定位模块特性对射击精度影响的仿真分析

在卫星定位模块的性能指标中，定位精度、定速精度、启动时间、导航数据更新率等技术指标可能会对制导迫击炮弹的射击精度产生影响。

（1）定位精度和定速精度对射击精度的影响。定位精度和定速精度通常是相关的，因此，定位、定速精度状态取值时按表3-6进行，对4种状态分别进行模拟打靶，得到的打靶结果见表3-6。

表3-6　不同定位、定速精度下射击精度

状态	状态1	状态2	状态3	状态4
定位误差（1σ）/m	5	10	15	20
定速误差（1σ）/m	0.2	0.4	0.6	0.8
横向标准差/m	3.031 5	5.812 2	8.364 3	11.288 2
纵向标准差/m	2.941 6	5.315 6	8.332 6	11.909 7
圆概率偏差（CEP）/m	5.213 3	9.712 3	14.573 1	20.247 1

从表3-6可知，定位精度和定速精度对射击精度有重要影响，CEP随着定位、定速误差的增大而增大。因此，从设计的角度考虑，在选用卫星定位模块时，应根据弹药的精度指标，在成本允许的情况下，尽可能选用定位精度和定速精度较高的卫星接收机。

（2）启动时间对射击精度的影响。启动时间对射击精度的影响与飞控模块启控时间相关，当启动时间小于飞控模块启控时间时，启动时间对射击精度没有影响，当启动时间大于飞控模块启控时间时，启动时间对射击精度的影响与飞控系统启控时间对射击精度的影响相同。如前所述，为减小启动时间，卫星定位模块通常会采用预装星历的热启动方式，星历新鲜度小于等于10 min时，使卫星定位模块启动时间小于等于10 s。

（3）导航数据更新率对射击精度的影响。分别设置卫星定位模块导航数据更新率为50 ms、100 ms、…、1 000 ms，定位误差标准差统一设为10 m，定速误差标准差统一设为0.4 m/s，通过模拟打靶得到不同导航数据更新率下弹药的射击精度，如图3-48所示。

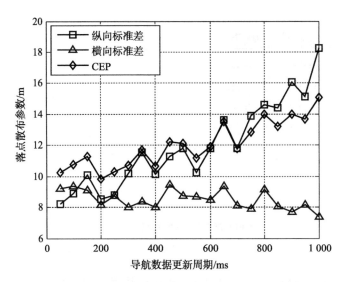

图 3 - 48　不同导航数据更新率下仿真得到的弹药射击精度

从图 3 - 48 可知，随着导航数据更新率的增大，纵向标准差和 CEP 呈现出逐渐增大的变化趋势，受随机干扰的影响，中间会出现振荡。而横向标准差基本不受导航数据更新率的影响。目前，卫星定位模块的导航数据更新率一般在 1 ~ 10 Hz。

2. 舵机模块特性对射击精度影响的仿真分析

根据弹道控制原理，舵机应在合适的时间将舵片偏转到制导指令规定的角度，因此，时间和角度控制对舵机而言至关重要。实际上，舵机作为实物在动态控制中存在延迟、超调和衰减等现象，因此，在控制中往往将舵机模块看成一阶或二阶系统。

为掌握舵机的动态特性，通过仿真计算机和负载模拟器对舵机进行仿真测试，仿真计算机输入舵控指令信号到舵机，通过负载模拟器测量实际舵偏值，通过对比舵控指令和实际舵偏曲线获取舵机特性。图 3 - 49 所示为舵控幅值设定为 7°、舵片负载设定为 2 N·m 时的扫频特性曲线。从图 3 - 49 可以看出，舵机实际工作时确实存在幅值衰减和相位延迟，幅值衰减相对较弱。

下面重点分析舵偏延迟对射击精度的影响。舵偏延迟会使舵机控制力的方向产生偏差，导致弹道修正方向出现混乱，而弹道修正方向的混乱又会导致舵机弹道修正能力的不必要消耗，进而对射击精度产生影响。比如不存在横向偏

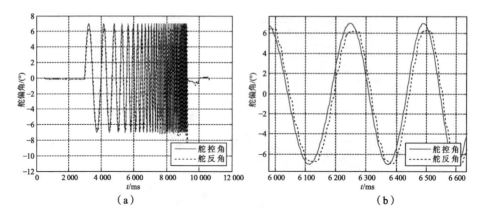

（a）　　　　　　　　　　　　（b）

图3-49　舵控舵反曲线（舵控幅值7°，负载2 N·m）

（a）全局图；（b）局部放大图

差，舵机进行纵向修正时，舵偏延迟导致舵机控制力存在横向分量，造成新的横向偏差，最终影响到射击精度。

基于舵偏延迟的特点，将舵偏延迟分别设定为 2 ms、4 ms、6 ms、8 ms、10 ms、12 ms、14 ms、16 ms、18 ms、20 ms 等 10 个常值，通过模拟打靶得到弹药射击精度结果，如图 3-50 所示。

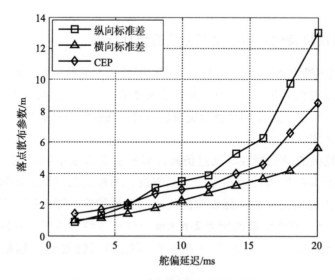

图3-50　不同舵偏延迟对应的射击精度

从图 3 – 50 可知，射击精度随着舵偏延迟的增大而逐渐增大。进行简易制导迫击炮弹设计时，应该通过软件弥补舵偏延迟造成的不利影响。

3. 飞控模块特性对射击精度影响的仿真分析

飞控模块受弹载计算机容量、速度和解算时间限制，其对飞行控制算法的解算精度通常低于地面高性能计算机的解算精度。随着微处理器、微控制器和高速小型计算设备的发展以及制导控制算法的不断改进，飞控模块的计算结果与全数字仿真所采用的计算机结果目前基本能够做到一致。

图 3 – 51 和图 3 – 52 所示为同等输入条件下，仿真计算机解算结果与某型制导迫击炮弹采用的飞控模块输出结果对比曲线。图 3 – 51 所示为俯仰舵控角仿真测试结果，可以看出，飞控模块输出的俯仰舵控角和仿真计算机解算的俯仰舵控角差别非常小，大部分时间两者重合，但是由于两者的解算精度并不一致，所以不能做到完全重合。图 3 – 52 所示为偏航舵控角仿真测试结果，可以看出，飞控系统输出的偏航舵控角和仿真计算机解算的偏航舵控角差别也非常小，大部分时间两者重合。因此，在制导律合适的情况下，飞控模块计算特性对落点精度的影响不是主要影响。

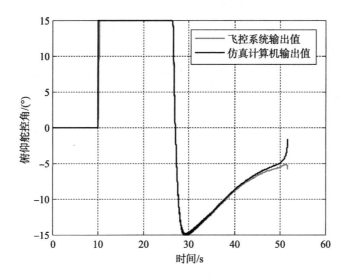

图 3 – 51　俯仰舵控角仿真测试结果

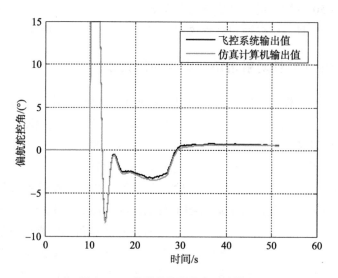

图 3 - 52　偏航舵控角仿真测试结果

4. 地磁测姿模块特性对射击精度影响的仿真分析

地磁测姿模块利用地磁传感器感受弹丸飞行不同位置的地磁场信息，通过对地磁场信息的解算获取弹丸飞行的滚转角和滚转角速度。

地磁测姿模块测量的滚转角不可避免地会存在误差，有些误差是由磁阻传感器安装误差、灵敏度误差、零位误差等引起，有些误差则是环境干扰所引起，而地磁测姿组件的测角精度可能会对最终的射击精度产生影响。

将地磁测角误差分为均值误差和随机误差，通过模拟打靶分析地磁测角均值误差和随机误差对射击精度的影响。将地磁测角均值误差分别设定为 - 10°、- 8°、- 6°、- 4°、- 2°、0°、2°、4°、6°、8°、10°，进行模拟打靶，得到结果如图 3 - 53 所示。将地磁测角标准差分别设定为 1°、2°、3°、4°、5°、6°、7°、8°、9°、10°，进行模拟打靶，得到结果如图 3 - 54 所示。

从图 3 - 53 和图 3 - 54 可以看出，地磁测角均值误差和标准差对射击精度的影响都比较小。地磁测角均值误差在 10°以内时，CEP 的变化范围在 0.5 m 以内；地磁测角标准差在 10°以内时，CEP 的变化范围在 0.6 m 以内。目前，对地磁测姿模块的测角误差一般都要求在 5°以内。

虽然滚转角测量均值误差会影响舵机弹道修正能力的利用效率，对舵机弹道修正能力造成一定的损失，但在舵机修正能力依然能够覆盖落点散布的情况下，滚转角测量均值误差对射击精度的影响较小。

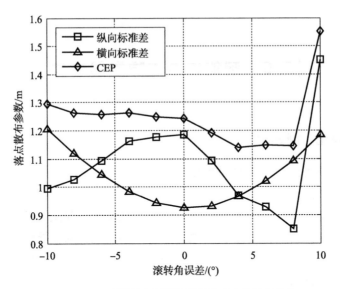

图 3-53　不同滚转角测量均值误差对应的射击精度

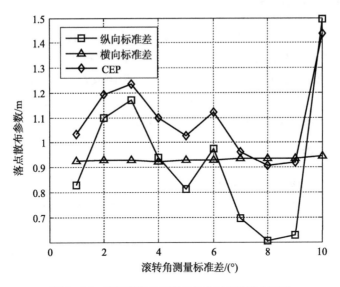

图 3-54　不同滚转角测量标准差对应的射击精度

　　由于舵机模块本身是一个滤波环节，弹体的响应也是一个滤波环节，地磁测角标准差的影响可能在很大程度上得到消除，导致地磁测角标准差在 10° 以内时对射击精度的影响较小。

　　从以上分析来看，地磁测姿模块对射击精度有一定影响，但影响较小，即所占权重较小。

|3.6 智能迫击炮弹发展趋势|

1. 远程化、制导化

迫击炮初速低、射程近的缺点制约着迫击炮武器系统的使用范围，远程化是迫击炮弹一直追求的目标。受迫击炮弹结构制约，其远程化的途径主要通过提高初速、改善弹形、火箭增程、滑翔增程等来实现。为减少因远程化带来的大散布、提升远程作战的效费比，制导化将伴随远程化的发展而发展。受迫击炮弹口径限制，其威力半径通常较小，因此，高精度的远程化的智能迫击炮弹将成为发展的趋势。

2. 低成本精确制导

迫击炮弹作战距离近，对重要、关键目标实施火力打击时，如果不能依靠1~2发弹药将其摧毁，易受到反迫击炮系统的火力打击，因此，高精度的迫击炮弹将成为发展的方向，高精度随之带来的是高成本，为此，降低成本的同时保持高的精度成为研究热点。以激光末制导迫击炮弹为例，在框架式导引头的基础上，开始研究捷联式导引头，以降低成本。

3. 快速反应

迫击炮武器系统的优点是发射速度快。对于智能迫击炮弹而言，由于其自身具有较强的弹道控制能力，因此，希望通过自身的控制能力来减弱对观瞄的要求，实现粗略瞄准、最简化装定。提升智能迫击炮弹的修正能力、研究不依赖射前装定制导参数的制导律，进一步提升快速反应能力，也是智能迫击炮弹的发展方向。

第 4 章

火箭弹智能化改造

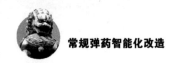

4.1 概　　述

4.1.1 常规火箭弹发展历程

火箭是以火箭发动机推进的飞行器。火箭弹通常是指靠火箭发动机所产生的推力为动力，以完成一定作战任务的无制导装置的弹药，主要用于杀伤、压制敌方有生力量，破坏工事及武器装备等，如图 4-1 所示。

火箭是我国古代劳动人民的伟大创造，远在火炮出现以前就已将火箭运用于军事目的。历史事实说明，我国是火箭的发源地。据史料记载，公元 969 年（宋开宝元年）冯义升和岳义方两人发明了火箭并试验成功。公元 1161 年宋军就有了初期的火箭武器——"霹雳炮"，并应用于军事。我国的火药及火箭技术于 13—14 世纪传入阿拉伯国家，以后又传入欧洲。19 世纪初，英国人 W. 康格里夫研制了射程为 2.5 km 的火箭弹。20 世纪 20—40 年代，德国、美国、苏联等国均研制并

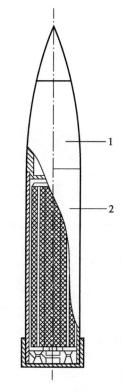

图 4-1　火箭弹结构示意图
1—战斗部；2—发动机

发展了火箭弹。其中，苏联制造的 БМ‑13 式火箭炮，可联装 16 发 132 mm 口径的尾翼式火箭弹，最大射程达 8.5 km，在第二次世界大战中发挥了重要作用，俗称"喀秋莎"。第二次世界大战后，苏联先后研制成了 M‑14、M‑21、M‑24 和夫劳克火箭弹及其火箭炮，至 20 世纪 70—80 年代先后研制了 220 mm 多管炮与 300 mm 多管火箭炮及火箭弹，其中 300 mm 火箭弹最大射程已达到 70 km。美国沃特公司研制生产的 M270 式多管火箭炮系统，于 1983 年正式装备美国陆军。M270 式多管火箭炮系统是一种全天候、间瞄、面射击武器，能对敌纵深的集群目标和面目标实施突然的密集火力袭击，具有很高的火力密度，其战斗部采用双用途子弹子母战斗部。20 世纪 50 年代，火箭弹的最大射程约为 10 km。20 世纪 60—70 年代大多数火箭弹的最大射程已达 20 km。20 世纪 80 年代研制的火箭弹的射程已达到 30～40 km。20 世纪 90 年代以后美国等在 MLRS（Multiple Launch Rocket System）上研制开发的 227 mm 火箭弹的射程达到了 70 km，意大利研制的菲洛斯 70 式 315 mm 火箭弹的射程已达到 70 km，俄罗斯研制的 300 mm 火箭弹射程也达到了 70 km，我国研制的 WM‑80 型 273 mm 火箭弹的最大射程超过 80 km。20 世纪末许多国家开始了 100 km 以上超远程火箭弹的研制。随着射程的增大，为了保证必要的射击精度，新研制的远程火箭弹大多数采用了简易制导或弹道修正等措施，这也是当前火箭弹发展趋势之一。另外，美国研制的 GMLRS 制导火箭弹采用的是 GPS/INS 制导，其中 M31 式 GMLRS 火箭弹弹径为 227 mm，战斗部重 90 kg，配用多功能引信（有触发、延期和空爆 3 种作用模式），可打击 90 km 远处的目标，圆概率误差为 2 m。目前美国正在研发的 GMLRS＋制导火箭弹增加了激光半主动导引头，其作用是辅助 GPS 制导系统，为火箭弹提供末制导能力，以有效打击运动目标。GMLRS＋配备新型可调效应战斗部，采用经过改进的加长型火箭发动机，有更远的射程和更高的精度，且可沿更加优良的弹道飞行。射程的增加使得作战人员可以用更少的发射车实现更广的火力覆盖。2011 年 8 月，洛克希德·马丁公司试验结果显示，加装远程发动机的 GMLRS＋制导火箭弹的射程可达 120 km。与火炮弹丸不同，火箭弹是通过发射装置借助于火箭发动机产生的反作用力而运动的，而火箭发射装置只赋予火箭弹一定射角、射向，并提供点火机构，创造火箭发动机开始工作的条件，并不给火箭弹提供任何飞行动力。

火箭弹的外弹道可分为主动段和被动段弹道两个部分。主动段是指火箭发动机工作段，而被动段则指火箭发动机工作结束直到火箭弹到达目标为止的阶段。火箭弹在弹道主动段终点达到最大速度。但需指出，火箭弹在滑轨上的运动，由于有推力存在应当说是属于主动段弹道，但对外弹道来说，常常以射出点作为弹道的起点，而不考虑火箭弹在滑轨上的运动。

火箭弹的发射装置有管筒式和导轨式之分，前者叫火箭炮或火箭筒，而后者叫发射架或发射器。为了使火箭发动机点火，在发射装置上设有专用的电气控制系统，该系统通过控制台接到火箭弹的接触装置（点火器）上。

4.1.2　常规火箭弹的种类

（1）按有无控制系统分：可分为有控制的火箭弹（通称为导弹）和无控制的火箭弹（即常谓之为火箭弹）。导弹是在弹上或弹与地面都装有控制机构，使其按预定的弹道飞行，当出现偏差时，可通过控制系统进行修正，因而提高了它的命中率。

虽然一般意义上的火箭弹是不具备制导能力的，但随着科学技术发展的推动和作战需求的牵引，目前在火箭弹上也在开始发展制导技术以提高命中精度。当然，这些控制技术应以不使火箭弹制造成本过高为限，否则，就失去在战场上大量使用的优越性而进入导弹范畴了。

（2）按火箭动力装置所用燃料来分：可分为液体燃料火箭弹和固体燃料火箭弹。液体燃料火箭弹所用燃料（推进剂）呈液态，如煤油＋硝酸、乙醇＋液氧、煤油＋液氧等，一般多为远程火箭弹；固体燃料火箭弹所用推进剂呈固态，如双石－2、双铅－2等，为我军炮兵装备的火箭弹所常用，射程相对较近。

（3）按所属军、兵种分：有地面炮兵火箭弹（又称野战火箭弹）、反坦克火箭弹（配属步兵用于反坦克和装甲车等）、空军火箭弹（装备在飞机上）和海军火箭弹（舰载发射）等。

（4）按射程范围分：可分为近程火箭弹、中程火箭弹、远程火箭弹和超远程火箭弹。近、中、远的概念并不很严格，界线的划分说法也不一致，一般认为几十千米以内均算近程。

（5）按飞行稳定方式分：有靠高速旋转保持飞行稳定的涡轮火箭弹和靠尾翼保持飞行稳定的尾翼火箭弹两种。

（6）按弹种分：与后装炮弹基本相同。

4.1.3　常规火箭弹的基本结构及弹丸外形

一般来说，火箭弹由战斗部、火箭发动机和稳定装置等主要部分组成。

1. 战斗部

战斗部由引信、阻力环、战斗部壳体、炸药装药和隔热、密封件组成。战斗部是完成战术任务的装置。对于不同目标，需采用不同的战斗部。引信是战斗部的引爆装置。为获得较大的战斗效果，对付不同的目标，需采用不同性能和类型的引信。阻力环的作用是调节射程。

2. 火箭发动机

火箭发动机的作用是产生火箭弹向前飞行的推力。一般来说，有固体燃料火箭发动机和液体燃料火箭发动机两种。常用的火箭弹，目前均采用固体燃料火箭发动机。固体燃料发动机主要由燃烧室、喷管、挡药板、推进剂和点火装置等组成。

燃烧室是火箭发动机的主体，是用来储存火箭装药并在其中燃烧的部件，由筒体壳体、两端封头壳体及绝热层组成。对于短时间工作的小型发动机，其燃烧室没有绝热层。燃烧室是火箭发动机的重要组成部件，同时也是弹体结构的组成部分，装药在其内燃烧，将化学能转换成热能。燃烧室承受着高温高压燃气的作用，还承受飞行时复杂的外力及环境载荷。燃烧室属于薄壁壳体，其常用材料有合金钢材、轻合金材料及复合材料。由于选用材料不同和制造工艺不同，燃烧室的结构形式有整体式、组合式和复合式。封头壳体一般为碟形或椭球形。前封头与点火装置连接，而后封头与喷管连接。小型燃烧室的前封头多为平板形端盖。燃烧室筒体与封头连接常采用螺纹、焊接、长环连接方式，连接处要求密封可靠。

喷管是固体火箭发动机的重要部件之一，具有先收敛后扩张的几何形状，用来控制燃烧室压力，以及使亚声速气流变为超声速气流，提高排气速度。喷管处于发动机尾部，是能将燃烧室中的高温高压燃气的热能转换为燃气的动能，并控制燃气流量的变截面管道。火箭发动机喷管为超声速喷管，其内形面由收敛段、临界面和扩张段组成。喷管的种类按形面不同分为锥形喷管和特型喷管。锥形喷管的扩张段为简单锥形，而特型喷管的扩张段为曲面形。特型喷管比锥形喷管的效率高，常用在大、中型发动机上。按喷管个数不同又分为单喷管结构和多喷管结构，而按制成结构材料不同分为普通简单喷管和复合喷管结构。复合喷管的热防护性能好，常用于较长时间工作的发动机上。此外，还有长尾管喷管、潜入式喷管、可调喷管和斜切喷管等。

挡药板是一个多孔的板或构件。挡药板配置在推进剂与喷管之间，用以固定装药，并防止未燃尽的药粒喷出或堵塞喷管孔。设计挡药板时，必须使挡药板有足够的强度和通气面积，要求挡药板上的孔径或环与环之间的缝隙不大于装药燃烧后期药柱端面的外径，且其加强筋和各个内、外环也不应堵死装药燃气流的流动。挡药板的工作环境很差，要受到高温高压燃气流的冲击，所以挡药板的材料应采用低碳钢。当发动机工作时间较短时，一般选用玻璃钢比较

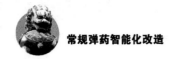
合适。

推进剂是发动机产生推力的能源，常用双基推进剂、改性双基推进剂或复合推进剂，加工成单孔管状或内孔呈星形等各类形状的药柱。药柱的几何形状和尺寸直接影响发动机的推力、压力随时间的变化，所以药柱的设计在很大程度上决定了发动机的内弹道性能和质量指标的优劣。药柱设计的主要参数有药柱直径、药柱长度、药柱根数、肉厚系数、装填系数、面喉比、喉通比、装填方式等。按药柱燃面变化规律不同可分为恒面性、增面性、减面性，按燃烧面位置不同分为端燃型、内侧燃型、内外侧燃型，按空间直角坐标系燃烧方式不同分为一维、二维、三维药柱，而按药柱燃面结构特点不同又分为开槽管形、分段管形、外齿轮形管形、锥柱形、翼柱形、球形等。最常用的有管形、内孔星形及端燃型药柱。药柱的装填方式依推进剂种类及成型工艺不同分为自由装填式和贴壁浇注式。

点火装置由点火线路、发火管、点火药、药盒等组成。其作用是提供足够的点火能量，建立一定的点火压力，以便全面迅速地点燃推进剂，并使其正常燃烧。点火装置的工作过程是首先通过点火线路把电发火管点燃，然后把点火药包点燃，再把推进剂点燃。理想的点火过程是一个瞬时全面点燃推进剂的过程。应当指出，一个好的点火装置必须满足 3 个条件：①适当的点火药量；②一定的点火空间；③具有一定强度的内装点火药包的点火药盒。

3. 稳定装置

稳定装置用来保证火箭弹稳定飞行，其稳定方式有尾翼式（尾翼稳定）和涡轮式（旋转稳定）两种。涡轮式火箭弹靠弹体绕弹轴高速旋转所产生的陀螺效应来保证飞行稳定。使弹体旋转的力矩由燃气从与弹轴有一定切向倾角的诸喷孔喷出所形成。尾翼式火箭弹靠尾翼装置，使空气动力合力的作用点（压力中心）位于全弹质心之后，形成足够大的稳定力矩来保证飞行稳定。

|4.2 智能火箭弹发展现状|

火箭弹属于地面压制武器，是陆军重要的主战装备，承担着直接杀伤或摧毁目标的使命，其性能的优劣直接影响到整个武器系统的性能的好坏。各个国家都在争相发展精确打击火箭弹，到目前为止已有美国、俄罗斯、德国、以色列和塞尔维亚等国成功研制了精确打击火箭弹，如图 4 - 2 所示。

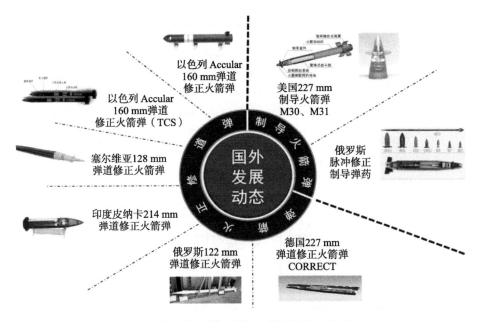

以色列 Accular
160 mm 弹道
修正火箭弹

以色列 Accular
160 mm 弹道
修正火箭弹（TCS）

美国227 mm
制导火箭弹
M30、M31

塞尔维亚128 mm
弹道修正火箭弹

俄罗斯
脉冲修正
制导弹药

印度皮纳卡214 mm
弹道修正火箭弹

国外
发展
动态

俄罗斯122 mm
弹道修正火箭弹

德国227 mm
弹道修正火箭弹
CORRECT

图 4 - 2　国外精确打击火箭弹发展动态

从图 4 - 2 中可以看出，精确打击火箭弹分为制导火箭弹和弹道修正火箭弹两类。

制导火箭弹主要包括美国的 M30 和 M31，俄罗斯的脉冲修正制导火箭弹和挪威、德国的低成本制导火箭弹 LCFG，这类火箭弹具有全程制导和精确命中目标的能力，已经投入了实战。目前该类制导火箭弹正在研制加装激光末制导导引头，未来将进一步提高制导火箭弹的机动性，可实现末段调姿垂直攻击和打击机动目标的能力，是精确打击火箭弹的发展目标。

弹道修正火箭弹主要包括德国的 CORRECT、以色列的 Auccular（TCS）、印度的皮纳卡（TCS）和塞尔维亚的 128 mm 弹道修正火箭弹等，这类火箭弹较多是在现有无控火箭弹的基础上通过加装弹道修正舱来实现的，相对于无控火箭弹来说这类火箭弹具有更高的精度，受成本的限制弹道修正弹机动性能要低于制导火箭弹，全射程范围内圆概率偏差（CEP）集中在 50 m 左右。

国外精确打击火箭弹的主要性能指标见表 4 - 1。

表4-1　国外精确打击火箭弹的主要性能指标

国家	型号	弹径/mm	精度（CEP）/m	射程/km	弹道测量或制导体制	执行机构类别
中国	PHL03-300	300	500	30~70	惯导	燃气射流
以色列	Auccular（TCS）	160（122、270、214）	30~50	12~45	雷达	燃气射流
	Accular 160	160（122、270）	10	14~40	卫星/惯导	脉冲推冲器
德国	CORRECT	227（122）	10~50	10~40	卫星/地磁	脉冲推冲器
	Ugrosa-1	122	0.8~1.8	2~20	激光半主动	脉冲推冲器
俄罗斯	"威胁"系列	57~122	0.8~1.8	2.5~9	激光半主动	脉冲推冲器
	BM-21	122	—	38	卫星或雷达	脉冲推冲器
印度	皮纳卡（TCS）	214	30~50	10~38	雷达	燃气射流
挪威	LCFG	122	10~20	30	卫星/惯导	折叠式空气舵
塞尔维亚	—	128	—	—	—	舵机+推冲器
美国	M30 GMLRS	227	<10	未知	卫星/惯导	舵机

从表4-1可以看出，国外正在研制或者已经投入作战使用的精确打击火箭弹型号和类型较多，口径也不尽相同。由于采用的制导体制不同，火箭弹的CEP也存在较大差别，弹道修正火箭弹的CEP一般为几十米，制导火箭弹的CEP则保持在10 m左右范围，部分火箭弹的CEP甚至限制在米级。从表4-1还可以看出，各个国家由于发展精确打击火箭弹的理念不同，采用的弹道测量体制和执行机构存在较大差别。常用的弹道测量体制有卫星、惯性导航、雷达和地磁，采用卫星、惯性导航组件进行弹道测量时无须地面设备持续保障，可实现"发射后不管"，是目前和将来的发展方向。采用雷达进行弹道测量时需要地面设备的持续跟踪照射，降低了雷达设备的战场生存性，这种制导体制会逐步被淘汰。执行机构主要分为直接力和气动力两类，直接力的典型代表为脉冲推冲器和燃气射流，可为弹道修正提供离散的控制力，气动力的典型代表为舵机，可为弹道修正提供连续的修正力，修正精度较高。

我国在弹道修正火箭弹理论研究和工程实践上也取得了很大的进步，主要研究单位包括兵器工业203所、北京理工大学、南京理工大学、中北大学、西北工业大学和陆军工程大学，就弹道修正弹的有关概念和相关理论进行了深入研究，解决了弹道测量、弹道解算和执行机构控制等关键技术难题。我国研制出了远程火箭弹系列，采用惯性导航组件对火箭弹的角偏差进行测量，修正执行机构为燃气射流，火箭弹经修正后射击精度较高，是我国最早的弹道修正火箭弹。近几年我国自主研制的"卫士"系列多管火箭武器系统已经多次出现在武器装备展上，现在处于一个"百花齐放，百家争鸣"时期，相信在不久的将来会有多个型号面世。

|4.3　智能火箭弹工作原理|

弹道修正火箭弹的基本工作原理是：火箭弹发射后弹道测量系统开始对弹道参数进行测量，弹载计算机根据实时的弹道参数信息解算出弹道偏差并解算出执行机构控制指令，执行机构响应弹道修正系统发出的修正控制指令以消除弹道偏差，提高火箭弹的射击精度。从弹道修正火箭弹的基本工作原理可以看出，为实现弹道修正，须攻克弹道测量、弹道偏差解算和执行机构控制等技术难题。

|4.4　智能火箭弹的构造与作用|

4.4.1　火箭弹结构布局

一般来说，火箭弹由战斗部、发动机和尾翼稳定装置组成，为提高火箭弹的精确打击能力，目前较多火箭弹增加了制导系统，制导系统可以完成弹道测量、弹道解算、形成控制指令、控制执行机构作用等功能。

4.4.2　弹道测量系统

从弹道修正火箭弹的基本工作原理可以看出，弹道测量技术是进行弹道修正控制的基础，为实现有效的弹道修正必须解决弹道测量的问题。目前精确打击火箭弹常用的弹道测量技术包括惯性制导、卫星导航、雷达探测、地磁测姿和激光半主动制导等方式，每种测量技术都能实现对弹道参数的测量，每一种测量技术都具有自身的特点。

1. 惯性制导

惯性制导是以组件内部集成的加速度计和陀螺仪输出的信号为基础,通过积分解算出弹体姿态、速度和位置信息的方式[9]。惯性制导方式不依靠任何外界信息,具有隐蔽性好、抗干扰能力强和不受气候条件影响等突出优点。这种制导方式存在的缺点是使用时需要初始化,定位误差随着时间的累积而不断增大。

2. 卫星制导

卫星制导是利用人造卫星测量出火箭弹的点位,通过卫星之间的位置关系解算出火箭弹位置和速度的技术,具有全天候、全时域和误差不累积的优点,此外采用卫星制导可实现"发射后不管",利于提高武器系统的战场生存性。目前在用或在研的导航系统包括美国的 GPS 导航系统、欧洲的伽利略导航系统、俄罗斯的格洛纳斯导航系统和我国的北斗导航系统,目前应用最为广泛的为美国的 GPS 导航系统,由于战略部署要求,美国的 GPS 导航系统只向民众开放了 C/A 码,其导航定位精度无法满足制导控制需求。目前我国北斗导航系统导航区域,已实现全球覆盖,其静态定位精度达到了厘米级,动态定位精度也达到米级,完全可以用于弹道修正火箭弹的导航定位。

3. 雷达探测

雷达探测是指地面雷达设备持续地对飞行中的火箭弹进行跟踪照射,以反射信号为输入量解算出弹体位置和速度的技术。采用该技术进行弹道修正火箭弹弹道参数测量时需要高附加值的地面设备,且在整个过程中需要地面雷达持续的照射,不利于武器系统的战场生存,采用雷达进行弹道探测正在被淘汰。

4. 地磁测姿

地磁测姿是指以地球磁场为基础,以磁传感器测量的弹体不同方向的磁通量为基础解算出弹体姿态信息的技术,具有测量范围宽、稳定性好、无漂移和抗干扰能力强的优点,该弹道测量体制已经在多个型号上得到了应用。

5. 激光半主动制导

激光半主动制导是指在弹道末段利用激光持续地对目标进行照射,弹上导引头通过捕获目标反射的信息来计算弹体与目标之间的相对运动信息,以相对运动信息为输入量实时解算出弹道修正控制指令,将火箭弹导向目标的一种技术。激光半主动制导能够自主完成搜索、捕捉、识别、跟踪和攻击等过程，但是其作用距离有限，成本相对较高，较适合匹配到具有高机动性能的弹体上。

4.4.3 弹道解算系统

弹道解算技术是以弹道测量系统测量的弹道参数为初始量，根据制导律要求解算出弹道偏差控制执行机构作用消除弹道偏差的过程，是弹道修正弹研制过程中的另一关键技术。为实现弹道修正首先需要根据弹道特点选择导引律。其次，弹载计算机运算性能有限，北斗 + 地磁的制导体制所能测量的弹道参数有限，在这种硬件性能水平有限的条件下如何确定更为简单、有效的导航控制算法是研制弹道修正弹需要解决的另一个重要问题。

1. 弹道修正导引律

弹道修正导引律是指火箭弹飞行过程中应该遵循的规律，选取导引律是弹道修正弹研制中的一个重要技术环节，导引律选取是否合适不仅影响到控制系统设计的难易程度，还决定了火箭弹能否在弹道控制相对容易的情况下精确命中目标。

导引律是伴随着导弹的发展而发展起来并最初应用到导弹上，随着新型智能化弹药的发展，导引律在精确打击弹药上的应用得到越来越多的研究。从公开资料看 Donnard 等人早在 1964 年就对采用脉冲推冲器控制的某型反坦克制导炮弹的导引方法进行了研究，该型炮弹采用半主动激光导引头作为弹道测量体制，在弹道末段激光导引头打开，将实时探测得到的弹体 – 目标连线和弹体轴线之间的夹角与设定的阈值角进行比较，当该夹角大于设定的阈值角时发出弹道修正指令。Thabat Jitpraphai、Mark Costello 等人以某脉冲控制的直射火箭弹为研究对象，在 2001 年第一次对比例导引、抛物线比例导引和弹道追踪导引在直射火箭弹上的运用进行了比较，其中，Thabat Jitpraphai 等人又在 2002 年对相应的算法进行了改进，赵捍东、曹营军、徐劲祥、张成、肖顺旺和卞伟伟等人也研究了类似的导引方法在弹道修正弹的应用，仿真分析结果表明，脉冲推冲器数量较少时采用弹道追踪导引律时具有绝对的优势，而当脉冲推冲器数量足够时抛物线比例导引具有小的偏差和平均误差，但是对于重力测量误差较为敏感，每种导引律对于弹体姿态、位置和速度信息都具有较高的精度要求，弹道修正效果随着弹道测量设备精度误差的增大而不断变大。速度追踪导引律和弹体追踪导引律对弹体过载要求较高，而脉冲修正弹修正能力有限，不能提供所需过载。此外，比例导引律对于弹体姿态信息的精度要求较高，弹道

修正弹弹道测量模块无法提供相应精度的弹体姿态参数，所以这两种导引方法很难在修正弹上得到应用。随着电子技术和计算机技术的发展，一种新的导引控制方法——预测导引控制方法被引用到了弹道修正弹上。

模型预测控制是 20 世纪中后期从过程控制领域产生并发展起来的一类计算机控制方法。相对于其他优化算法，模型预测控制具有决定性的优势，在问世之后的短短几十年就受到了控制界和工业界的广泛关注，并已经在航天、航空、石油、化工和重工等领域得到了普遍应用。随着控制理论的发展，预测控制算法不断更新和完善，先后经历了基于有限脉冲响应模型、采用过程输入/输出传递函数作为模型和采用状态空间模型这三个阶段。目前预测控制导引方法在弹道控制上的应用出现了许多成果。

预测导引控制是指通过建立的模型预测出火箭弹未来一定时间或者落地时的状态，将此状态与标准状态进行比较，当误差超过一定值时即对弹道偏差进行修正的过程。预测导引控制分为状态预测控制和落点偏差预测控制两类。Burchett 和 Costello 等人研究了状态预测控制方法在脉冲修正火箭弹上的应用，Philip V. Hahn 和 Ollerenshaw 等人分析了状态预测控制方法在舵机控制系统上的应用，Nathan Slegers 针对火箭弹从航空设备上释放时具有大攻角、垂直速度分量大和俯仰角速度高的特点研究了采用预测控制对航空火箭弹进行导引控制的方法。为了提高预测解算速度，Nathan Slegers 对建立的模型进行了线性化处理，仿真结果表明采用预测控制方法对弹药进行导引控制时弹道修正效果比较明显。状态预测控制对于弹载计算机的性能要求较高，现有弹载计算机性能无法满足制导控制实时解算需求。

2. 落点预测算法

为了有效地对弹道实现修正控制，杨俊、赵捍东和曹营军等人研究了落点偏差预测控制在脉冲修正弹上的应用，采用落点偏差预测方法对火箭弹进行导引控制时每一次的弹道修正对于改善火箭弹的射击精度都是有效的。

落点预测是指利用先验信息或者实时测量的弹道参数解算火箭弹落地时弹体状态的过程，根据落点预测作用的不同分为发射前预测和在线预测两种。发射前落点预测主要是指利用弹道模型、弹体参数、气动系数和气象条件解算射击诸元的过程，这种预测算法的精度依赖于弹道模型和初始数据的准确度。在线预测是指弹载计算机根据火箭弹飞行中某时刻的状态为输入量解算火箭弹无控飞行对应的落地点坐标的过程，主要用于弹道修正控制。在线预测主要依赖于试验前的信息，信息来源于理论解算、仿真试验、地面试验和本型弹药的飞行试验数据，下文所指的落点预测均指在线预测。

落点预测解算包含了模型的建立、预测解算实施和预测数值滤波处理等过程，其中预测模型的建立是最为关键的环节，落点预测按照所建立模型的不同将落点预测解算分为弹道模型预测、线性回归预测和抛物线预测等方法。

弹道模型预测是指对弹体的运动过程建立模型，将弹体的运动过程采用弹道方程的形式表达出来，通过数值积分解算出火箭弹落地时对应坐标的过程。按照外弹道学的发展阶段不同将弹道模型预测分为质点弹道模型、改进质点弹道模型和 6 自由度弹道模型。质点弹道模型假设弹体的运动为一个质点的运动，模型最为简单，所需输入量也最少，但是精度稍差；改进质点弹道模型是在质点弹道模型的基础上增加了对横向偏差的预测解算，但是其预测解算精度仍然难以满足制导控制需求；高策、刘彦君等人研究分析了 6 自由度弹道模型在落点预测中的应用，6 自由度弹道模型能够较为准确地描述火箭弹在空气中的运动状态，预测解算精度较高，但是该模型所需初始输入量较多，解算耗时较长，很难用于弹道实时控制。为了提高弹道预测解算的速度，许多学者对弹道方程进行了线性化处理，但是仍然无法满足修正控制系统对于落点预测解算实时性的要求，采用弹道模型进行落点预测解算在工程应用上还存在一定的困难。

线性回归预测是指通过建立射程或者横向偏差与弹道参数之间的关系，将这种关系利用方程式的形式表示出来，当获得弹道参数时便可解算出射程或者横向偏差的过程。李飞飞等人提出了采用二元插值和神经网络进行弹道参数拟合的组合算法，该算法在较小范围内具有一定的精度，但是随着射程的增加，误差增大。曹营军等人利用线性回归的方法研究分析了射程、横向偏差和弹道参数之间的关系。另外一种形式的线性回归方法是神经网络法，包括离线训练和在线训练两种模式，离线训练的神经网络法在特定的条件下具有较高的预测精度，但是没有通用性，在线训练神经网络的方法无法满足实时性要求。采用线性回归方法进行落点偏差预测解算时所需计算的数据量会随着自变量数目的增多而呈指数形式增加，降低预测解算的速度，无法用于实时的制导控制。

抛物线预测认为火箭弹的外弹道是一条抛物线，通过测量某几个特征点来确定抛物线方程，将实时测量的弹道参数代入确定的弹道方程便可解算出射程偏差。仿真结果发现抛物线理论只是在空气稀薄地区对近距离目标进行射击的火箭弹或者初速较小的火箭弹来说有一定的精度，对于大射程火箭弹来说抛物线理论没有适用性。此外，王中原等人对比分析了弹道模型预测算法方程解算方法和系数解算方法在落点预测中的区别，得出的结论是系数解算方法具有更快的解算速度。

综上分析可以看出，采用弹道模型、线性回归方法和抛物线拟合方法对落点偏差进行预测解算时其精度不同，解算过程的复杂度也不同，无法做到精度和实时性的兼得。此外，相关研究文献中提出的落点预测算法对于弹道参数的精度和数量有较高的要求，这些方法具有较高的理论研究价值，但在工程应用中还存在一定的难度。因此，如何根据弹道偏差和弹道参数之间的关系提出计算过程简单、精度高和所需弹道参数少的落点预测方法是值得研究的一个问题。

弹道修正火箭弹采用北斗卫星导航定位系统，卫星信号较弱，易受到干扰，直接采用不加处理的弹道测量参数进行落点偏差解算时会引起落点偏差值的跳动，这显然违背了实际情况，为了提高落点预测偏差的精度，需要对落点预测偏差值进行滤波处理。常用的滤波方法有两种：一是对弹道测量参数直接进行滤波处理，将滤波处理以后的弹道参数用于落点偏差解算；二是解算完落点偏差值后再进行滤波处理。Burchett、Bertrand Grandvallet、陈维波和戴明祥等人研究分析了对测量数据进行滤波处理的方法，这种滤波方法需要建立精确的干扰模型，滤波精度直接取决于所建立干扰模型的精度，在实际的工程应用中很难建立准确的干扰模型，在工程应用上还存在一定的差距。Thomas Recchia等人提出了采用卡尔曼滤波、平滑和预测算法来获得弹道信息和落点信息的方法，这种方法同样需要建立准确的干扰模型，具有较高的理论研究价值，但在工程应用上还有一定的差距。为了提高落点预测偏差的精度，需要根据弹道修正弹的弹道特点研究滤波算法。

4.4.4　修正执行机构

执行机构按照产生修正力的方式不同分为直接力执行机构和气动力执行机构两类，每一类执行机构都有自己的特点，为满足战术技术指标要求，需要选用合适的执行机构。

1. 修正执行机构分类

（1）舵机。舵机执行机构通过改变火箭弹的受力分布实现弹道修正，能实现射程和横向偏差的修正。舵机执行机构可以为弹体修正提供连续的修正力，弹道修正精度较高，但是结构复杂、控制难度大，需要较大的驱动功率；此外，舵机修正控制效率受大气环境和飞行速度的影响较大，大气密度越高、飞行速度越高则修正效率越高，反之，修正效率越低。

（2）脉冲推冲器。脉冲推冲器依靠为弹体提供离散的直接力实现弹道修正，能对射程和横向偏差进行二维修正，具有结构简单、响应速度快和所需驱动功率小的优点，已经在多个型号上得到了应用。

（3）阻力板。阻力板依靠增加火箭弹受到的阻力实现射程修正，具有结构简单和纵向修正能力强等优点，在弹道修正弹的发展初期得到了广泛研究。阻力板执行机构的缺点是只能对射程偏差进行修正。

综上分析可以看出，采用不同的执行机构进行弹道修正时具有不同的特点，为满足不同型号修正弹的战术技术指标要求，在单一执行机构的基础上出现了不同类型的直接力/气动力组合修正方案，目前已经列装部队或者正在研究的执行机构的技术特点情况见表 4 – 2。

表 4 – 2　执行机构技术特点情况

执行机构	低成本性能	海拔适应性	技术可移植性	气动干扰	电磁兼容性	技术成熟度	能源需求
阻力板	好	较好	好	—	好	高	小
推冲器	好	好	好	—	好	高	小
舵机	差	较差	较好	—	较差	高	大
固定鸭舵	较差	较差	较好	—	较差	较高	大
固定鸭舵＋阻力板	较差	较差	较差	较大	较差	较高	大
舵机＋阻力板	差	较差	较差	较大	较差	较高	大

从表 4 – 2 可以看出，每一种执行机构方案都具有本身的优点和不足之处。采用阻力板作为弹道修正执行机构时提高火箭弹的落角较容易得到实现，此外，阻力板的控制方式简单，其展开控制对于弹载计算机性能、弹道测量模块的精度及能源的需求要求不高，在弹道修正实现上最为容易，但是阻力板执行机构的明显不足是仅能对射程偏差进行修正。脉冲推冲器具有响应动态高、海拔适应性强和能源需求较低等特点，已经在多个型号上得到了应用，但是由于脉冲推冲器修正能力有限，采用脉冲推冲器作为执行机构时提高火箭弹的落角较为困难。舵机执行机构通过改变火箭弹的受力分布实现二维弹道修正，可以为弹体提供连续的修正力，修正精度较高，但是舵机执行机构存在结构复杂、控制技术难度大和所需驱动电源大的缺点。从表 4 – 2 还可以看出，为了有效地实现弹道控制还出现了直接力和气动力的复合修正方案，复合修正方案可以综合两种执行机构的优点，对于提高火箭弹的射击精度和实现落角控制具有自己独特的优势。

2. 执行机构控制算法

本书开展研究的基本假设是采用脉冲推冲器和阻力板作为弹道修正执行机构，为满足战术技术指标要求，需要对脉冲推冲器激活控制算法、阻力板的展

开时机算法和复合修正方案的控制策略设计进行研究。国内外研究现状如下：

1）脉冲推冲器控制算法

在研究脉冲推冲器控制算法之前首先需要研究脉冲推冲器性能参数对于弹道修正效果的影响，脉冲推冲器主要的性能参数包括点火补偿时间、工作时间、脉冲推力曲线和脉冲冲量。

Thanat Jitpraphai 在其博士论文中研究分析了脉冲推冲器的冲量、脉冲推冲器的数量和脉冲推冲器激活阈值对于弹道修正精度的影响，采用数值仿真的方法对比分析了多种组合情况脉冲推冲器性能参数不同时对于弹道修正效果的影响。王佳伟等人提出了采用蒙特卡洛法研究分析脉冲推冲器冲量、数量和弹道修正效果之间的关系。刘欣等人研究了脉冲推冲器作用对弹体稳定性的影响，仿真结果表明脉冲推冲器冲量越小，与质心之间的距离越小，弹体飞行稳定性越好。王中原等人分析了脉冲力矩对于弹道稳定性的影响，给出了飞行稳定应该满足的条件。姚文进等人利用均匀设计法研究了脉冲起始时间、脉冲力级数、弹丸射角和作用角度对修正效果的影响，通过仿真分析了脉冲推冲器工作参数和修正偏差的关系、修正时刻和修正偏差的关系以及修正角度和修正偏差的关系。Daniel Corriveau 深入研究了脉冲推冲器的控制使用方法，研究的侧重点是脉冲推冲器工作时对火箭弹外弹道流场产生的影响以及对于弹体稳定性的影响。徐劲祥等人研究了脉冲推冲器性能参数对于弹道修正效能的影响。这些研究成果具有较高的理论价值，对于脉冲推冲器的设计具有一定的指导意义，但采用的数值仿真方法只能仿真有限种类的情况，为了提高脉冲推冲器的弹道修正效能，需要根据弹道修正弹的外弹道特点和脉冲推冲器的弹道修正分布规律采用理论分析的方法优化脉冲推冲器性能参数。

为提高脉冲推冲器弹道修正效果，需要研究脉冲推冲器的点火控制算法。Bradley T. Burchett 等人研究了点火阈值的设定方法及如何进行快速修正。He Fenghua 等人研究分析了通过消除攻角偏差来达到提高精度的目的，研究了脉冲推冲器在非旋转弹上的点火逻辑，为确保脉冲力能够加载到所需方向上每次都需要激活多个脉冲推冲器。赵松云提出了脉冲推冲器的微粒群优化算法，虽然优化了脉冲推冲器的性能参数，但是解算时间较长，无法满足弹道修正对于解算方法的实时性要求。为提高弹道修正效能，需要设计易于工程实现的脉冲推冲器控制算法。

2）阻力板展开时机算法

阻力板依靠增加火箭弹受到的阻力实现射程偏差修正，加装阻力板能够有效提高火箭弹的纵向射击密集度。由于本书采用的阻力板为一次性展开设备，阻力板展开控制最为关键的是确定阻力板的展开时机，其基本前提是要实时解算出阻力板的射程修正能力，由于弹载计算机运算性能有限，如何快速地解算出阻力板的射程修正能力是一个难点，目前国内在确定阻力板展开时机的算法上还处于一个探索研究阶段。

史金光等人研究分析了阻力板的机构设计及气动计算方法；黄义、王宝全等人对射程修正弹的射程扩展量进行研究，为阻力板的设计和使用提供了理论支撑；张强等人研究分析了阻力板执行机构开启时间的确定算法，都是采用解算弹道方程的方法，不同之处在于建立的弹道方程复杂程度不同，这种方法存在的缺点是对于初始误差较为敏感。此外，阻力板射程修正能力解算耗时较长，无法满足制导控制需求。为了提高阻力板的射程修正效能，需要研究工程应用性更强的阻力板展开时机算法。

3）复合修正方案的控制策略设计

本书所研究的弹道修正火箭弹采用脉冲推冲器与阻力板作为执行机构，这两种执行机构对于弹道的修正方式完全不同：脉冲推冲器可提供离散的直接控制力，能对弹体进行二维修正；阻力板依靠改变火箭弹的外形，只能对射程方向的偏差进行修正。脉冲推冲器和阻力板的复合修正方案相对于常规的连续修正来说融合了离散直接力修正和非可逆性连续修正两种方式，不能照搬连续修正方案的控制策略，需要重新进行研究。脉冲推冲器和阻力板的复合修正是一种全新的方案，从公开的资料看还未见有对脉冲推冲器/阻力板复合修正方案的控制策略的相关研究，较多的学者是针对单个执行机构对于火箭弹的姿态控制和弹道修正进行研究，并取得了一定的成果。为了实现战术技术指标要求，需要在分析执行机构弹道修正特点的基础上设计复合修正方案的控制策略。

|4.5　智能火箭弹改造关键技术|

4.5.1　弹道测量技术——GPS测量系统

GPS是一个全球性、全天候、全天时、高精度的导航定位和时间传递系统，由24颗卫星组成，是一个军民两用系统，提供两个等级的服务。

GPS整个卫星导航系统包括空间部分、地面支撑系统、用户设备三部分。其定位系统的空间星座由24颗工作卫星构成，如图4-3所示。它们是非同步轨道卫星，每个轨道平面升交点的赤经相隔60°，分布在6个轨道面上，轨道平面相对地球赤道面的倾角为 55°，每个轨道上均匀分布 4 颗卫星，相邻轨道之间的卫星要彼此隔开 30°，以保证满足全球均匀覆盖的要求。卫星高度平均为 20 200 km，周期为 11 h58 min。这种布局能使载体在地球上任一地点、任一时刻都能接收到 4 颗以上的卫星信号，实现全球连续定位。卫星受地面站控制，推动系统使卫星保持在设定轨道的位置和姿态。卫星接收地面站发来的导航信息（包括卫星星历、历书、时钟较正参数等），存储这些信息并向用户发送导航电文。

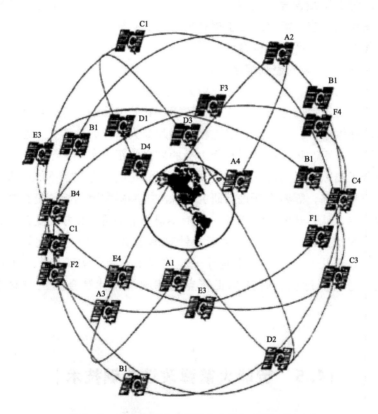

图 4 - 3　GPS 全球定位系统在轨运行卫星仿真图形

　　GPS 系统应用于外弹道测量，既可实时测定飞行体的位置和速度，又可以经事后处理得到精确的弹道参数。目前，在实施 GPS 外测系统上，有两种基本方案，即弹载接收机系统与弹载转发器系统。弹载接收机系统由弹上接收机、遥测发射与接收机三部分组成。弹载转发器系统也是由三大部分组成，即 GPS 卫星、弹载设备和地面接收处理站。

1. 弹载接收机定位系统

弹载 GPS 接收机包括天线、电源、信道电路和通道电路等，其组成如图 4 – 4 所示。弹上接收机是一台专门研制的适应高动态特性的弹载接收机，该接收机能同时接收 4 颗 GPS 卫星的信号，实时计算出火箭弹的位置和速度。

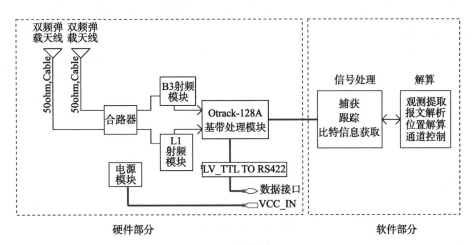

图 4 – 4　弹载接收机组成图

弹载接收机 GPS 测量系统的特点是可对炮弹或火箭弹进行实时定位，向地面发送定位信息所需的线路带宽较窄，被测目标数量不受限制。

2. 弹载转发器定位系统

弹载 GPS 转发器由弹上接收天线、弹载转发器和遥测发射设备等组成。弹载设备接收 GPS 卫星 L 波段信号，经变频放大后，通过遥测信道转发到地面，在地面完成对 GPS 信号的测量和数据处理。地面设备包括 GPS 接收设备和数据处理分系统。

弹载转发的主要优点是：不需要高动态 GPS，成本相对较低、弹上的设备简单；大量的数据处理放在地面，有利于发挥地面计算机存储容量大、计算速度快的优势；不降低系统的信噪比，便于跟踪系统调整至最佳性能；适合小、低、快目标的跟踪测量；便于目标捕获与重捕。该系统对 GPS 转发器的要求是转发噪声小、接收灵敏度高、转发功率小和低成本等。

随着微电子技术和软件技术的发展，对 GPS 接收机的开发由原来的分立组件，到目前的大规模、超大规模集成电路，尺寸已经大大减小，而定位精度却有了很大的提高，从而使小体积的弹载 GPS 接收机在制导弹箭上的应用成为

可能。

4.5.2 姿态测量技术——惯性导航技术

惯性导航系统简称惯导，是一种自主式导航系统，它利用惯性仪表（陀螺仪和加速度计）测量运动载体在惯性空间中的角运动和线运动，根据载体运动微分方程组实时、精确地解算出运动载体的位置、速度和姿态角（定义为载体坐标系相对于地理坐标系的方位角）。

和无线电导航系统不同，惯性导航系统既不接收外来的无线电信号，也不向外辐射电磁波，它的工作不受外部环境的影响，具有全天候、全时空工作能力和很好的隐蔽性。它有很快的响应特性，更新率很高（50～1 000 Hz），而且导航参数短期精度高、稳定性好。它适合于海、陆、空、水下、航天等多种环境下的运动载体精密导航和控制，在军事上具有重要意义。

惯性导航系统分为平台式惯性导航系统（INS）和捷联式惯性导航系统（SINS）。

（1）平台式惯性导航系统有一个由3轴陀螺稳定的物理伺服平台，伺服平台用来隔离运载体角运动对加速度测量的影响，而且伺服平台始终跟踪当地水平地理坐标系或者游动坐标系，为惯性导航系统提供导航用的物理坐标系（测量基准）；同时，为正交安装的3只加速度计在平台台面上提供准确的安装基准。加速度计输出的比力矢量经过哥氏加速度、向心加速度和重力加速度校正之后，对时间进行二重积分，可以获得运载体在导航坐标系中的速度和位置，姿态角由稳定平台3个环架轴上安装的角度信号器测得。

（2）捷联式惯性导航系统没有物理伺服平台。3只陀螺仪和3只加速度计正交安装在一个精密加工的金属台体上，通常，陀螺仪输入轴坐标系、加速度计输入轴坐标系和台体坐标系三者重合，台体直接固连在运动载体上，且台体坐标系和载体坐标系重合（如果台体坐标系和载体坐标系不重合，加速度计输出的比力矢量需要进行杠杆臂效应校正）。陀螺仪输出的角速度矢量经过不可交换性误差校正后，对时间积分以获得加速度计在惯性空间的方位信息，基于这些方位信息求解捷联矩阵微分方程可以得到捷联变换矩阵姿态角。捷联变换矩阵完成加速度计输出的比力矢量从载体坐标系到导航坐标系的转换，起到物理伺服平台的作用。习惯上，将捷联矩阵微分方程的求解过程和捷联变换矩阵的作用称为数学平台或者解析平台。导航坐标系中的比力矢量经过哥氏加速度、向心加速度和重力加速度校正后，对时间进行二重积分，可以获得运载体在导航坐标系中的速度和位置。

通常，惯导导航系统的整个工作包括标定、初始对准、状态初始化和当前状态计算 4 个阶段。

（1）标定是指惯性系统进入导航工作状态之前，确定加速度计敏感的比力和陀螺仪敏感的角速度与实际的比力和角速度之间的关系，提供正确表达加速度计和陀螺仪输出的系数。

（2）初始对准是指惯性系统进入导航工作状态之前，确定每个加速度计输入轴的方向或者捷联矩阵的初始值。

（3）状态初始化是指惯性系统进入导航工作状态之前，确定导航坐标系中比力二重积分的积分常数（初始速度和初始位置）。

（4）当前状态计算是指惯性系统进入导航工作状态，根据加速度计和陀螺仪输出，按照力学方程组，实时解算并提供载体的速度、位置和姿态角等导航参数信息。

惯性导航系统是一个时间积分系统，陀螺仪和加速度计误差（特别是陀螺仪误差）将导致惯性导航系统的导航参数误差随时间迅速积累。

随着航海、航空、航天技术的不断发展，人们对惯性导航系统工作精度要求越来越高。单纯采用提高惯性仪表制造精度的方法来提高惯性导航系统工作精度，将导致生产成本急剧增加，有时甚至是不可能的。

在静基座条件下，精确地标定惯性仪表参数，按照静态误差数学模型和动态误差数学模型对惯性仪表稳态输出进行补偿（或校正），可以提高惯性仪表的工作精度，进而达到提高惯性导航系统工作精度的目的。

4.5.3　导引控制技术

1. 摄动落点预测

弹道摄动理论是用来描述常规炮弹在基准弹道附近运动状态的一种理论，最早由钱学森提出，在高性能电子计算机出现之前该理论常用于计算弹道导弹的实际弹道，随着计算机技术水平的发展，这种方法在导弹弹道计算问题上已经被淘汰。但是，对于常规小口径火箭弹来说，受整体成本及空间的限制，选配的弹载计算机性能有限，还不能用弹道模型预测等计算过程复杂、耗时较长的方法预测解算火箭弹弹道参数。为了提高弹道修正系统的制导精度，本节在研究分析摄动理论的基础上创新性提出了适合于弹道修正弹的落点预测算法。

1）摄动理论

基准弹道是指根据指定的弹体结构参数、气象条件和气动系数解算的一条有着特定的飞行程序和飞行状态的确定性弹道。火箭炮武器系统进入发射阵地以后，火控系统便可根据目标点坐标和气象信息采用数值积分的方法解算出发

射点与目标点之间的基准弹道。火箭弹的总体参数、气动系数及发射环境与测量值相同时火箭弹将沿着基准弹道飞行直至命中目标。然而，在火箭弹发射过程中由于随机干扰的客观存在，例如弹道随机风、弹体加工误差，扰动弹道（实际弹道）将偏离基准弹道，如果随机干扰较小，实际弹道将在基准弹道附近摄动并保持不大的距离，这就是摄动理论的基本内涵。

采用摄动理论进行实际弹道的弹道预测时可以基准弹道为基础进行线性化处理，实际弹道经过线性化处理以后描述弹体实际运动的运动方程就变成了变系数的线性微分方程，当获得相应的参数变量和系数时便可对弹道进行预测，这就是摄动落点预测的基本思想。摄动落点预测主要解决的问题是如何根据火箭弹持续变化的状态和弹道环境解算出不同时刻的预测系数及如何确定将系数和相应的弹道参数联合起来对落点偏差进行预测。

2）摄动制导应用

摄动理论最早用于确定导弹的发动机关机时间，导弹精确命中目标的条件是实际落点与目标点之间的横向偏差和纵向偏差同时为零，如果对导弹发动机关机以后的弹道不加以控制，导弹被动段的弹道和落点情况将完全取决于发动机关机时刻的参数，为了达到精确命中目标的要求需要对关机点关机时间进行控制，弹道摄动理论就是在这种客观需求下产生的。弹道摄动理论将发动机关机点参数偏差与火箭弹落点偏差之间的关系联系起来，当发动机的工作状态满足精确命中目标的要求时发出发动机关机指令，这种方法能够消除初始扰动引起的偏差，进一步提高导弹的射击精度。

导弹发动机关机以后剩余弹道将受到何种形式或者量级多大的干扰无从得知，摄动理论应用的假设条件是：火箭弹在剩余弹道受到的干扰为零，在此假设条件下火箭弹的射程和横向距离都可以表示成关机点弹道参数的函数：

$$\begin{cases} L = L(v_k, p_k, t_k) \\ H = H(v_k, p_k, t_k) \end{cases} \quad (4-1)$$

从式（4-1）可以看出，导弹的射程和横向偏差取决于发动机关机点的弹道参数。关机点弹道参数与标准条件一致时火箭弹能够精确命中目标，如果关机点参数与标准条件存在偏差时，这些弹道参数偏差造成的最终的落点偏差可以展开成关机点参数偏差的泰勒级数：

$$\begin{cases} \Delta L = \dfrac{\partial L}{\partial v^{\mathrm{T}}}\Delta v + \dfrac{\partial L}{\partial p^{\mathrm{T}}}\Delta p + \dfrac{\partial L}{\partial t}\Delta t + \Delta L^{(\mathrm{R})} \\ \Delta H = \dfrac{\partial H}{\partial v^{\mathrm{T}}}\Delta v + \dfrac{\partial H}{\partial p^{\mathrm{T}}}\Delta p + \dfrac{\partial H}{\partial t}\Delta t + \Delta H^{(\mathrm{R})} \end{cases} \quad (4-2)$$

式中，

$$\frac{\partial L}{\partial v^{\mathrm{T}}} = \left(\frac{\partial L}{\partial v_x} \frac{\partial L}{\partial v_y} \frac{\partial L}{\partial v_z} \right) \Big|_{t = \bar{t}_k} \tag{4-3}$$

$$\frac{\partial L}{\partial p^{\mathrm{T}}} = \left(\frac{\partial L}{\partial p_x} \frac{\partial L}{\partial p_y} \frac{\partial L}{\partial p_z} \right) \Big|_{t = \bar{t}_k} \tag{4-4}$$

$$\frac{\partial H}{\partial v^{\mathrm{T}}} = \left(\frac{\partial H}{\partial v_x} \frac{\partial H}{\partial v_y} \frac{\partial H}{\partial v_z} \right) \Big|_{t = \bar{t}_k} \tag{4-5}$$

$$\frac{\partial H}{\partial p^{\mathrm{T}}} = \left(\frac{\partial H}{\partial p_x} \frac{\partial H}{\partial p_y} \frac{\partial H}{\partial p_z} \right) \Big|_{t = \bar{t}_k} \tag{4-6}$$

$$\Delta v = \begin{bmatrix} v_x(t_k) - \bar{v}_x(\bar{t}_k) \\ v_y(t_k) - \bar{v}_y(\bar{t}_k) \\ v_z(t_k) - \bar{v}_z(\bar{t}_k) \end{bmatrix} \tag{4-7}$$

$$\Delta p = \begin{bmatrix} x(t_k) - \bar{x}(\bar{t}_k) \\ y(t_k) - \bar{y}(\bar{t}_k) \\ z(t_k) - \bar{z}(\bar{t}_k) \end{bmatrix} \tag{4-8}$$

$$\Delta t = t_k - \bar{t}_k \tag{4-9}$$

式中，$\Delta L^{(R)}$，$\Delta H^{(R)}$ 为泰勒级数的高次项；符号 " $-$ " 表示基准弹道参数；$\bar{t}_k$ 为基准弹道关机时间；t_k 为实际关机时间；$\partial L/\partial v^{\mathrm{T}}$、$\partial L/\partial p^{\mathrm{T}}$、$\partial L/\partial t$ 为射程对应的参数变量在基准弹道关机点处的偏导数；$\partial H/\partial v^{\mathrm{T}}$、$\partial H/\partial p^{\mathrm{T}}$、$\partial H/\partial t$ 为横向偏差对应的参数变量在基准弹道关机点处的偏导数；Δv 为实际弹道速度和基准弹道速度之间的差值；Δp 为实际弹道位置和基准弹道位置之间的差值。当基准弹道确定以后，射程和横向偏差对弹道参数的偏导数都是确定的常数，弹道参数偏差可以通过弹载测量设备测得弹道参数与基准弹道参数偏差相减得出。

速度和位置信息是发动机关机时间的函数，从式（4-1）可以看出，关机时间越早，实际射程与标准射程的差距越大，随着发动机关机时间的延迟实际射程越来越接近于标准射程，当实际射程与标准射程相等时关闭发动机能保证确保命中目标。$\partial L/\partial v$、$\partial L/\partial p$ 和 $\partial L/\partial t$ 需要发射前解算出来并存储到弹载计算机上，当火箭弹进行导航控制解算时，Δv 和 Δp 可实时求出，可以直接采用式（4-1）作为关机方程，这种方法简化了弹上解算过程，但是只能保证射程偏差为零，横向偏差需要单独进行解算摄动预测控制，这就是摄动理论在导弹制导上的应用。

3）摄动落点预测解算

摄动理论是根据弹道导弹的飞行控制需求发展起来的，但是对于常规火箭弹来说并不能照搬这种方法，原因如下：

（1）常规火箭弹为全备弹，发动机关机时间不可控，不能采用控制火箭发动机关机时间的方法来保证射程偏差为零。

（2）常规火箭弹的整条弹道都在大气层内，随机干扰对于弹道的影响是持续存在的，为了提高火箭弹射击精度，仅通过控制发动机关机时间来进行落点控制无法满足射击精度需求，为了确保射击精度，整个飞行弹道都需要进行弹道修正。

（3）弹道导弹上安装了惯性测量组件，控制系统可以获得导弹任意时刻的位置、速度和姿态等信息，受弹体成本和空间限制的常规火箭弹无法提供如此全面、高精度的弹道参数，无法将已有的研究成果用于弹道修正火箭弹的导引控制。

（4）弹道导弹具有较强的修正能力，弹道导弹的射击方向与发射装置和目标点之间的连线方向重合即可，导弹飞行中控制系统将其严格控制在发射平面内直至命中目标。弹道修正火箭弹修正能力有限，无法按照导弹的控制方式进行弹道修正，需要根据常规火箭弹的弹道特点选择横向导引方法。

（5）弹道导弹发动机关机时间可控，实际飞行时间与标准飞行时间能够保持一致，可以采用时间作为自变量对系数和弹道参数偏差量进行计算。常规火箭弹关机时间不可控，火箭弹飞行时间为随机变量，采用时间作为自变量时将会出现实际弹道参数和基准弹道参数不匹配的现象。

基于以上5方面的原因，无法将弹道摄动理论直接挪用到弹道修正火箭弹上。在此以弹道摄动理论为基础提出针对弹道修正火箭弹的摄动落点预测算法。摄动落点预测算法的思想是将整条弹道分成若干段，每一段的起始时刻都看成是发动机关机时间点，各个点处弹道参数偏差对落点偏差造成的影响和关机点弹道参数偏差造成的影响相似，以基准弹道为基础在相应的点进行泰勒级数展开，以射程为自变量通过线性插值的方法可以预测解算弹道上每个点处弹道参数偏差对于落点偏差的影响，弹道修正控制系统可以随时对落点偏差进行修正，可以避免弹道末段需用过载较大的情况出现。

摄动落点预测算法按照计算流程的先后分为基准弹道计算、敏感因子计算和弹上落点偏差预测解算三个阶段，摄动落点预测解算过程流程图如图4－5所示。

从图4－5可以看出，摄动落点预测分为地面提前解算和弹载计算机实时解算两部分，地面火控计算机主要完成基准弹道和敏感因子的计算，弹载计算

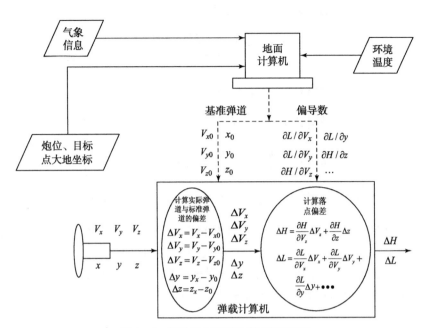

图 4 - 5　摄动落点预测解算过程流程图

机用于完成最后的偏差解算。

（1）基准弹道计算。

基准弹道是发射点至目标点之间的一条基准弹道，由弹体参数、气动系数和气象信息唯一确定。火箭弹沿着基准弹道飞行时无须进行弹道修正便可命中目标，但是随机干扰的客观存在决定了火箭弹不可能完全沿着基准弹道飞行。摄动落点预测是以基准弹道为基准进行泰勒级数展开的，弹道修正系统的目标就是将实际弹道修正到基准弹道附近，基准弹道计算是否准确直接影响到预测算法的精度和控制系统的修正效能，在此对基准弹道的计算过程进行研究。

进行基准弹道解算需要建立弹道模型，根据弹道模型采用弹道方程将弹道的运动规律描述出来，相关内容可参照外弹道书籍，在此不再赘述。下面只对基准弹道解算过程进行分析，解算基准弹道首先要确定解算的方法，其次要确定射击诸元的解算方法，最后要选择合适的基准弹道参量进行输出。

①解算方法。计算基准弹道就是求解弹道方程的过程，弹道方程是一系列变系数的数学表达式，由于弹道方程的系数一直处于变化之中，很难得到解析解，一般采用数值积分法求解弹道方程得出不同点的弹道参数，其中龙格 – 库塔法具有精度高、程序简单和改变步长方便等优点，常用于弹道方程的解算。最常用的是四阶龙格 – 库塔法，若已知在点 n 处的值 $(t_n, y_{1n}, y_{2n}, \cdots, y_{mn})$，则

求得 $n+1$ 处的函数值的龙格 – 库塔方程为

$$y_{i,n+1} = y_{i,n} + \frac{1}{6}(k_{i1} + 2k_{i2} + 2k_{i3} + k_{i4}) \qquad (4-10)$$

式中,

$$\begin{cases} k_{i1} = hf_i(t_n, y_{1n}, y_{2n}, \cdots, y_{mn}) \\ k_{i2} = hf_i\left(t_n + \dfrac{h}{2}, y_{1n} + \dfrac{k_{11}}{2}, y_{2n} + \dfrac{k_{21}}{2}, \cdots, y_{mn} + \dfrac{k_{m1}}{2}\right) \\ k_{i3} = hf_i\left(t_n + \dfrac{h}{2}, y_{1n} + \dfrac{k_{12}}{2}, y_{2n} + \dfrac{k_{22}}{2}, \cdots, y_{mn} + \dfrac{k_{m2}}{2}\right) \\ k_{i4} = hf_i\left(t_n + \dfrac{h}{2}, y_{1n} + k_{13}, y_{2n} + k_{23}, \cdots, y_{mn} + k_{m3}\right) \end{cases} \qquad (4-11)$$

式中,h 为积分步长,积分步长越小计算精度越高,但是选择小的积分步长会增加弹道解算时间,需要根据制导控制需求和火控计算机的性能选择积分步长。基准弹道解算方法给出了对弹道方程进行数值积分的方法,但是在进行解算之前需要确定射击诸元作为基本输入,下面将对射击诸元的解算方法进行研究。

②确定射击诸元的方法。确定射击诸元是指根据已有的总体参数、气动系数和气象信息解算出射角和射向的过程。按照计算顺序分为以下几个步骤:

a. 根据发射点和目标点坐标信息解算出炮位与目标点之间的连线和真北方向之间的夹角,定义这个角度为基准射向,记为 A_0。同时解算出炮位与目标点之间的距离,即火箭弹需要达到的射程,记为 L。

b. 设定火炮发射火箭弹时存在最大射程角 $\varphi_{\max}$ 和最小射程角 $\varphi_{\min}$,以基准射向 A_0 为发射方向,分别以 $\varphi_{\max}$ 和 $\varphi_{\min}$ 为初始射角计算得到最大射程 $L_{\max}$ 和对应的横向偏差 $H_{\max}$、最小射程 $L_{\min}$ 和对应的横向偏差 $H_{\min}$,判断火箭弹目标射程 L 是否在最大射程和最小射程范围内,即是否满足

$$L_{\min} < L < L_{\max} \qquad (4-12)$$

当不满足这一判断条件说明目标射程在火箭弹的能力范围以外,终止发射火箭弹。当目标射程 L 满足式(4 – 11)则执行下一步。

c. 设 $\Delta A_1 = \arctan\left(\dfrac{H_{\min}}{L_{\min}}\right)$,以 $\dfrac{\varphi_{\max} + \varphi_{\min}}{2}$ 为射角,$A = A_0 - \Delta A_1$ 为射向解算弹道方程,假设解算出的射程和横向距离分别为 L_1 和 H_1,首先判断解算的射程和目标射程之间的关系是否满足 $|L - L_1| \leqslant \varepsilon_L$ 和 $|H - H_1| \leqslant \varepsilon_H$ 的条件,其中 ε_L、ε_H 为设定的阈值,如果该条件得到满足则停止搜索;如果不满足 $|L - L_1| \leqslant \varepsilon_L$ 和 $|H - H_1| \leqslant \varepsilon_H$ 的条件,判断 L 和 L_1 之间的关系,如果 $L > L_1$ 继续向上搜索,否则向下搜索。

d. 以向上搜索为例，设 $\Delta A_2 = \arctan(H_1/L_1)$，以 $\dfrac{\dfrac{\varphi_{max} + \varphi_{min}}{2} + \varphi_{max}}{2}$ 为射角，$A = A_0 - \Delta A_1 - \Delta A_2$ 为射向解算弹道，假设对应的射程和横向偏差分别为 L_2 和 H_2，再次判断解算的射程和目标射程之间的关系 $|L - L_2| \leq \varepsilon_L$，$|H - H_2| \leq \varepsilon_H$，如果满足条件停止搜索，如果不满足条件重复步骤 d，直至满足条件。

a ~ d 给出了解算射角射向的详细步骤，在执行过程中需要特别注意三点：一是设置合适的终止条件；二是搜索射角、射向过程中每一步都改变了射向，要注意气象的利用方式；三是要选择合适的积分步长。

③基准弹道的输出。基准弹道信息包括位置、速度、姿态和过载等，采用摄动落点预测算法进行落点预测解算时只用到位置和速度参数，所以，仅保留基准弹道的位置和速度信息即可。此外，要确定合适的基准弹道输出间隔，间隔太大进行线性插值解算时会降低运算精度；间隔太小会增加数据量，占用弹载计算机更多的内存空间。

（2）敏感因子计算。

落点预测敏感因子是指弹道参数偏差对于落点偏差的影响程度，是一无量纲量，某一弹道参数偏差对落点偏差造成的影响越大说明落点偏差对于该弹道参数越敏感，敏感因子相对就会较大，反之敏感因子会很小。造成落点偏差的影响因素较多，主要有位置、速度和姿态角，在某一弹道点处可能只有一个弹道参数存在偏差，也可能多个弹道参数同时存在偏差；此外，在某一射程处落点偏差对于弹道参数的敏感程度不同，在不同射程处对同一弹道参数的敏感程度也是不同的，弹道参数偏差对于落点偏差的影响有可能是独立的也有可能相互制约，需要分为不同的情况进行讨论。弹道修正火箭弹在飞行过程中将受到持续的扰动，为了提高射击精度全弹道都需要进行导航与控制，因此需要计算全弹道的敏感因子。进行敏感因子计算首先要选择落点偏差的参数变量，其次要确定计算方法，此外，还需要确定敏感因子的级数和步长。

①选择参数变量。选择参数变量是指确定影响射程和横向偏差相关量的过程。火箭弹在空间的运动可以分解成垂直方向的运动和水平方向的运动。

火箭弹在垂直方向的运动方程为

$$\begin{bmatrix} \dfrac{dx}{dt} \\ \dfrac{dy}{dt} \end{bmatrix} = \begin{bmatrix} V_x \\ V_y \end{bmatrix} \tag{4-13}$$

$$\begin{bmatrix} \dfrac{dV_x}{dt} \\ \dfrac{dV_y}{dt} \end{bmatrix} = \dfrac{1}{m} \begin{bmatrix} F_x + F_{rkx} + F_{cx} + F_{gx} + R_x \\ F_y + F_{rky} + F_{cy} + F_{gy} + R_y \end{bmatrix} + \begin{bmatrix} g_x \\ g_y \end{bmatrix} + \begin{bmatrix} a_{cx} \\ a_{cy} \end{bmatrix} + \begin{bmatrix} a_{ex} \\ a_{ey} \end{bmatrix} \quad (4-14)$$

从式（4-13）和式（4-14）可以看出，火箭弹在垂直方向的运动可以用纵向速度、法向速度和弹道高进行描述，则射程偏差可以表示成纵向速度偏差 ΔV_x、法向速度偏差 ΔV_y 和弹道高偏差 Δy 的函数。

火箭弹在水平方向的运动方程为

$$\begin{bmatrix} \dfrac{dz}{dt} \end{bmatrix} = \begin{bmatrix} V_z \end{bmatrix} \quad (4-15)$$

$$\begin{bmatrix} \dfrac{dV_z}{dt} \end{bmatrix} = \dfrac{1}{m} \begin{bmatrix} F_z + F_{rkz} + F_{cz} + F_{gz} + R_z \end{bmatrix} + \begin{bmatrix} g_z \end{bmatrix} + \begin{bmatrix} a_{cz} \end{bmatrix} + \begin{bmatrix} a_{ez} \end{bmatrix}$$

$$(4-16)$$

从式（4-15）和式（4-16）可以看出，火箭弹在水平面内的运动可以用横向位置和速度进行描述，则横向落点偏差为横向位置偏差 Δz 和横向速度偏差 ΔV_z 的函数。

②计算方法。火箭弹飞行中的实际弹道参数由基准弹道参数与弹道参数偏差组成，则射程为 x 处的实际弹道参数可以表示为

$$\begin{cases} y = \bar{y} + \delta y \\ z = \bar{z} + \delta z \\ V_x = \bar{V}_x + \delta V_x \\ V_y = \bar{V}_y + \delta V_y \\ V_z = \bar{V}_z + \delta V_z \end{cases} \quad (4-17)$$

由式（4-17）可以看出，如果弹道参数偏差为 0，则射程 x 处的实际的弹道参数与基准弹道参数是相同的，火箭弹在剩余弹道中不再受到新的干扰时将沿着基准弹道飞行最终精确命中目标，即纵向偏差和横向偏差同时为 0。火箭弹实际飞行过程中不可能保证弹道参数偏差一直为 0，假设在射程 x 处存在弹道高程偏差 δy，则以 $(\bar{y} + \delta y, \bar{z}, \bar{V}_x, \bar{V}_y, \bar{V}_z)$ 代替 $(\bar{y}, \bar{z}, \bar{V}_x, \bar{V}_y, \bar{V}_z)$ 作为输入量代入到弹道方程中可以解算出存在弹道高程偏差 δy 的对应落点坐标，将该落点坐标减去基准弹道落点坐标即为射程 x 处弹道高程偏差 δy 引起的落点偏差，设这一偏差为 δL_y，则射程 x 处落点偏差对于弹道高的敏感程度为 $\delta L_y / \delta y$，记为 $\partial L / \partial y$，该值即为射程 x 处纵向偏差 ΔL 对于高程 δy 的敏感因子。同理可得射程偏差对于纵向速度偏差 δV_x 和法向速度偏差 δV_y 的敏感因子以及横向落点偏差对于横向速度偏差 δV_z 和横向位置偏差 δz 的敏感因子。单个弹道参数的

敏感因子都可以参照上述过程进行计算，在此不再重复进行介绍，下面对高阶或多个同时存在偏差对应敏感因子的计算过程进行介绍。

假设在射程为 x 处同时存在高程偏差 δy 和纵向速度偏差 δV_x，则以（$\bar{y} + \delta y, \bar{z}, \bar{V}_x + \delta V_x, \bar{V}_y, \bar{V}_z$）代替（$\bar{y}, \bar{z}, \bar{V}_x, \bar{V}_y, \bar{V}_z$）作为输入量解算弹道方程可以得到同时存在两种偏差时对应的落点坐标，将该落点坐标减去基准弹道落点坐标便为射程 x 处高程偏差 δy 和纵向速度偏差 δV_x 共同作用引起的落点偏差，假设 δy 和 δV_x 引起的射程偏差为 δL_{yV_x}，则射程偏差对于弹道高偏差和纵向速度偏差的敏感程度为

$$\frac{\delta L_{yV_x}\delta L_{yV_x}}{\delta y\delta V_x} \text{，记为 } \frac{\partial L^2}{\partial y\partial V_x} \tag{4-18}$$

式（4-18）即为射程 x 处纵向偏差 ΔL 对于高程差 δy 和纵向速度偏差 δV_x 的敏感因子。采用同样的方法可得射程偏差对于同时存在多个弹道参数偏差的敏感因子，同理可以计算更高阶弹道参数敏感因子。

③步长的选取。敏感因子计算方法中给出了单一弹道点处弹道参数敏感因子的计算过程，但只能用于该射程处的落点偏差，弹道修正火箭弹全弹道都需要进行导引控制，仅计算一点的弹道参数敏感因子无法满足制导控制需求，因此需要将计算一点的弹道参数敏感因子扩展到整条弹道，但是由于弹载计算机内存有限，不可能对每一点的敏感因子都进行计算，可以选择特征点的方式来解决这一问题。选取的特征点越多进行线性插值时准确度越高，但是所需计算的数据量成倍数地增加，这种情况不仅会增加敏感因子的解算时间还会占用弹载计算机上更多的内存，影响弹载计算机的运算性能，所以弹道特征点需要根据弹载计算机的性能而定。敏感因子计算完后可以按照式（4-19）给定的格式进行保存。

$$\begin{bmatrix} x_1 & \dfrac{\partial L}{\partial V_{x1}} & \dfrac{\partial L}{\partial V_{y1}} & \cdots & \dfrac{\partial H}{\partial V_{z1}} \\ x_2 & \dfrac{\partial L}{\partial V_{x2}} & \dfrac{\partial L}{\partial V_{y2}} & \cdots & \dfrac{\partial H}{\partial V_{z2}} \\ \vdots & \vdots & \vdots & \vdots & \vdots \\ x_n & \dfrac{\partial L}{\partial V_{xn}} & \dfrac{\partial L}{\partial V_{yn}} & \cdots & \dfrac{\partial H}{\partial V_{zn}} \end{bmatrix} \tag{4-19}$$

（3）弹上落点偏差计算。

落点偏差解算是以火箭弹当前状态为输入量与标准状态进行比较得出状态量偏差并根据状态偏差量和敏感因子之间的关系解算出落点偏差量值和方向的过程。为了满足弹道修正对落点预测实时性的要求，要求偏差解算方法简单、

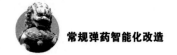

计算过程少。落点偏差预测解算分为解算弹道参数偏差量、求解对应的敏感因子和计算相应系数处理等过程。

①解算弹道参数偏差量。弹道参数偏差量是指在同一弹道点处实际弹道和基准弹道的差值。弹道修正火箭弹内集成了卫星导航接收机和姿态测量模块，可以对弹体的速度、位置和转速进行测量。摄动落点预测所需要的弹道参数输入量为弹体的位置偏差和速度偏差，为了解算出弹道参数偏差需要将实际弹道与基准弹道转化到同一个坐标系内，同时需要选取合适的参考变量。

火箭弹发射前将基准弹道和敏感因子装定到弹载计算机上，火箭弹发射以后卫星导航接收机实时测量弹道位置和速度信息，假设某一时刻弹道参数为 x_e、y_e、z_e、V_{xe}、V_{ye}、V_{ze}，根据地球坐标系和发射坐标系之间的关系式，则对应的发射系内的弹道参数为 x、y、z、V_x、V_y、V_z。火箭弹用于打击地面固定目标，目标点和发射点之间的相位和距离是确定的，不会随着发射环境和火箭弹状态的改变而改变，在此选用射程为自变量和参考变量。设射程为 $x = \bar{x}$ 时，对应的基准弹道参数为 $\bar{y}$、$\bar{z}$、$\bar{V}_x$、$\bar{V}_y$、$\bar{V}_z$，则该弹道点的弹道参数偏差为

$$
\begin{cases}
\Delta x = x - \bar{x} \\
\Delta y = y - \bar{y} \\
\Delta z = z - \bar{z} \\
\Delta V_x = V_x - \bar{V}_x \\
\Delta V_y = V_y - \bar{V}_y \\
\Delta V_z = V_z - \bar{V}_z
\end{cases}
\tag{4-20}
$$

②求解对应的敏感因子。求解对应的敏感因子是以射程为自变量和参考变量求解得出当前弹道参数对应敏感因子的过程。

敏感因子采用式（4-19）的方式进行保存时，射程与弹道参数的相关敏感因子是一一对应的，利用线性插值的方法可以求解不同射程处弹道参数对应的敏感因子。设射程为 x 处弹道参数对应的敏感因子为

$$
\frac{\partial L}{\partial V_x}、\frac{\partial L}{\partial V_y}、\frac{\partial H}{\partial V_z}、\frac{\partial L}{\partial y}、\frac{\partial H}{\partial z}、\frac{\partial L^2}{\partial V_x \partial V_y}、\frac{\partial L^2}{\partial V_x \partial y}、\frac{\partial L^2}{\partial V_x \partial V_x}、\frac{\partial L^2}{\partial y \partial y}、\frac{\partial L^2}{\partial V_y \partial y}、\frac{\partial L^2}{\partial V_y \partial V_y}
\tag{4-21}
$$

③解算落点偏差。由本条①②可知，射程 $x = \bar{x}$ 处对应的弹道参数偏差为式（4-20），相应的敏感因子如式（4-21）所示。弹道参数偏差与相应的敏感因子相乘便是该弹道参数引起的落点偏差，则在 $x = \bar{x}$ 射程时各个弹道参数偏差对落点偏差造成的影响为

$$\begin{cases} H_z = \dfrac{\partial H}{\partial z}\Delta z \\[2mm] H_{V_z} = \dfrac{\partial H}{\partial V_z}\Delta V_z \\[2mm] L_{V_x} = \dfrac{\partial L}{\partial V_x}\Delta V_x \\[2mm] L_{V_y} = \dfrac{\partial L}{\partial V_y}\Delta V_y \\[2mm] L_y = \dfrac{\partial L}{\partial y}\Delta y \\[2mm] L_{V_xV_y} = \dfrac{\partial L^2}{\partial V_x \partial V_y}\Delta V_x \Delta V_y \\[2mm] L_{yV_x} = \dfrac{\partial L^2}{\partial V_x \partial y}\Delta V_x \Delta y \\[2mm] L_{yV_y} = \dfrac{\partial L^2}{\partial y \partial V_y}\Delta y \Delta V_y \\[2mm] L_{V_yV_y} = \dfrac{\partial L^2}{\partial V_y \partial V_y}\Delta V_y^2 \\[2mm] L_{V_xV_x} = \dfrac{\partial L^2}{\partial V_x \partial V_x}\Delta V_x^2 \\[2mm] L_{yy} = \dfrac{\partial L^2}{\partial y \partial y}\Delta y^2 \end{cases} \qquad (4-22)$$

纵向落点偏差只与纵向速度偏差 ΔV_x、法向速度偏差 ΔV_y 和高程偏差 Δy 及交联项有关，则弹道参数引起的纵向落点偏差和为

$$\Delta L = \frac{\partial L}{\partial V_x}\Delta V_x + \frac{\partial L}{\partial V_y}\Delta V_y + \frac{\partial L}{\partial y}\Delta y + \frac{\partial L^2}{\partial V_x \partial V_y}\Delta V_x \Delta V_y + \frac{\partial L^2}{\partial V_x \partial y}\Delta V_x \Delta y +$$

$$\frac{\partial L^2}{\partial V_x \partial V_x}\Delta V_x^{\ 2} + \frac{\partial L^2}{\partial V_y \partial y}\Delta V_y \Delta y + \frac{\partial L^2}{\partial V_y \partial V_y}\Delta V_y^{\ 2} + \frac{\partial L^2}{\partial y \partial y}\Delta y^2 \qquad (4-23)$$

横向落点偏差由横向位置偏差 Δz 和横向速度偏差 ΔV_z 引起，两者几乎没有任何交联，弹道参数偏差引起的横向落点偏差和为

$$\Delta H = \frac{\partial H}{\partial z}\Delta z + \frac{\partial H}{\partial V_z}\Delta V_z \qquad (4-24)$$

从摄动落点预测的整个解算过程可以看出，地面火控计算机完成了落点预测的大部分任务，弹载计算机只需要进行简单加减运算便可解算出落点偏差，弹上计算过程大大简化，提高了落点预测的实时性。

2. 追踪制导技术

追踪制导律利用弹上的导引头或目标探测器接收目标信息确定弹目之间的

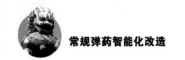

相对位置，并形成控制信号，自动将弹丸导向目标。根据目标探测器固连的位置不同，追踪制导律又分为速度追踪制导律与弹体追踪制导律。

1）速度追踪制导律

速度追踪制导律在弹丸攻击目标过程中，力图使弹丸的速度矢量 v 始终指向目标，其工程实现也比较简单，将激光探测器安装在风标头上，风标机构则与弹体采用万向节连接。由于弹上没有导引头，只有风标头和探测器组件，故成本较低。

在弹丸飞行过程中，风标机构能使激光探测器光轴与弹丸质心速度矢量方向保持一致，因而激光探测器在随弹丸一起滚转的同时，始终能够追随弹丸的速度矢量，确保激光探测器的光轴与弹丸质心速度矢量保持同轴。

由于激光探测器的光轴与风标头的指向平行，而风标头的指向始终沿着弹丸速度矢量方向，故可利用测得的目标与激光探测器光轴之间的夹角（误差角）作为控制指令对弹道进行修正。

速度追踪制导律在攻击目标的导引过程中，力图消除弹丸速度矢量且与弹目视线之间的偏差。

2）弹体追踪制导律

弹体追踪制导律在弹丸攻击目标过程中，力图使弹体纵轴始终指向目标，其工程实现最为简单，只需将激光探测器直接固连在弹体上即可。

它采用激光探测器测量弹目视线与弹轴的偏差角，形成控制指令对弹道进行修正。

4.5.4　执行机构控制技术

1. 脉冲推冲器控制技术

脉冲推冲器的修正参数使得火箭弹具备了一定的弹道修正能力，而脉冲推冲器能否对弹道偏差进行修正取决于控制算法。脉冲推冲器激活控制需要满足几个基本条件：①预测落点偏差值大于设定的点火阈值；②脉冲推冲器相邻点火时间间隔要大于一定的时间；③脉冲合力加载方位和弹道修正所需方位角度偏差在要求范围内；④每个脉冲推冲器只能使用一次。同时满足上述四个基本条件才能激活脉冲推冲器。使用脉冲推冲器进行弹道修正之前首先要确定脉冲推冲器的启控时间、点火阈值、点火相位和点火逻辑。

1）启控时间

脉冲推冲器启控时间为火箭弹发射后脉冲推冲器进行弹道修正的最早时间，确定脉冲推冲器的启控时间是弹道修正控制系统需要解决的首要问题。启控时间与导引算法和脉冲推冲器的弹道修正能力等因素有关。火箭弹定位成功后便可作为弹道修正的启控时间，但为了提高脉冲推冲器的弹道修正效能还需要研究脉冲推冲器的修正能力分布情况。

火箭弹飞行过程中，脉冲推冲器随弹体一起低速旋转，假设某一时刻弹体的转速为 ω_x，则脉冲推冲器工作时对弹体的修正力如图 4 – 6 所示。

从图 4 – 6 可以看出，脉冲推冲器产生的脉冲力为 F，脉冲力在准弹体坐标系上的分量分别为 F_y 和 F_z。假设第 i 个

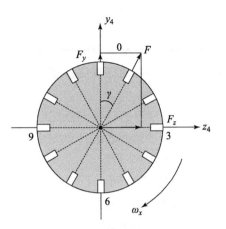

图 4 – 6　脉冲推冲器工作时对弹体的修正力

脉冲推冲器的点火方位角为 γ_i，则该脉冲推冲器的合冲量大小和方向为

$$\begin{cases} I_i = 2\displaystyle\int_0^{\frac{1}{2}\omega_x t} F \cdot t \cdot \cos\varphi\,\mathrm{d}\varphi \\ \varphi_i = \gamma_i + \dfrac{1}{2}\omega_x t \end{cases} \tag{4 – 25}$$

由牛顿第二定律知，第 i 个脉冲推冲器作用后在准弹体坐标系内产生的速度增量为

$$\begin{cases} \Delta V_{yi} = \dfrac{I_i \cdot \cos\varphi_i}{m} \\ \Delta V_{zi} = \dfrac{I_i \cdot \sin\varphi_i}{m} \end{cases} \tag{4 – 26}$$

脉冲推冲器作用过程中弹体产生的位移变化量为

$$\begin{cases} \Delta y_i = \dfrac{1}{2m} \cdot F_y \cdot t^2 \\ \Delta z_i = \dfrac{1}{2m} \cdot F_z \cdot t^2 \end{cases} \tag{4 – 27}$$

假设火箭弹主发动机关机以后质量为 50 kg，脉冲推冲器点火持续时间为 23 ms，推力为 1 200 N，由式（4 – 27）解得脉冲作用过程中弹体产生的位移极值量为厘米级，脉冲推冲器弹道修正过程中引起的位置变量完全可以忽略不计。脉冲推冲器进行弹道修正是通过速度变化量对于时间的累积得来的。

由式（4 – 26）可得第 i 个脉冲推冲器作用后弹体法向速度增量为 ΔV_{yi}，

横向速度增量为 ΔV_{zi}。

脉冲推冲器进行横向修正时横向修正距离取决于 ΔV_{zi} 和剩余飞行时间，ΔV_{zi} 一定时剩余飞行时间越长横向修正距离将越大。

脉冲推冲器进行纵向修正时情况相对复杂，脉冲推冲器进行纵向修正时速度变化如图 4 - 7 所示。

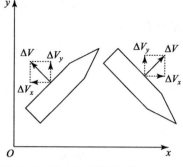

图 4 - 7　脉冲推冲器纵向修正示意图

从图 4 - 7 中可以看出，在弹道上升段，脉冲推冲器进行弹道修正后弹体的法向速度增加但同时减小了纵向速度。法向速度增量 ΔV_{yi} 减缓了火箭弹的落地时间，相应地会增强纵向修正能力，但是纵向速度减小会缩短一定时间内的飞行距离，会减弱修正能力。在弹道的下降段，脉冲推冲器作用后法向速度增量和纵向速度改变对于距离的修正是同方向的，修正能力会得到加强。

为验证脉冲推冲器在不同点火方位角和不同启控时间的弹道修正效果，选取了冲量为 15 N·s、持续时间为 16 ms、最大推力为 1.233 kN 和推力曲线为等腰三角形的脉冲推冲器进行弹道修正仿真。假设点火方位 0° 角与准弹体坐标系的 y_4 轴重合，从弹尾向弹头方向看，点火方位角顺时针增大。以火箭弹质心处的脉冲推冲器作为控制对象，在标准气象条件下，仿真解算了以 45° 射角发射时脉冲推冲器在全弹道修正能力变化情况。仿真结果显示，火箭弹在 41.65 s 左右到达弹道顶点。火箭弹飞行时间 - 转速变化曲线如图 4 - 8 所示。

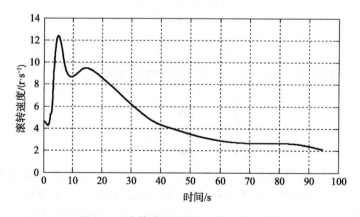

图 4 - 8　火箭弹飞行时间 - 转速变化曲线

从图 4 - 8 可以看出，弹体的转速范围为 2 ~ 12.8 r/s。在弹道初始段，弹体受到的导转力矩远大于滚转阻尼力矩，弹体转速随着飞行时间的增加而不断增加，发动机关机时弹体转速达到最高约 12.8 r/s。发动机关机后弹体受到的滚转力矩减小，弹体滚转速度逐渐减小，60 s 左右导转力矩和滚转阻尼力矩达到一个平衡，此时转速约为 3 r/s。

仿真解算的单个脉冲推冲器修正能力与点火时间、点火方位的关系见表 4 − 3。根据表 4 − 3 绘制修正能力与飞行时间的对应关系，如图 4 − 9 所示。

表 4 − 3　脉冲推冲器弹道修正能力与点火时间对应关系

时间/s	射程/m	横偏/m	时间/s	射程/m	横偏/m
20	9.24	18.9	55	13.02	13.56
25	8.94	18.18	60	12.12	12
30	9.3	17.4	65	10.86	10.44
35	10.38	16.5	70	9.24	8.88
40	11.94	16.02	75	7.62	7.14
45	12.6	15.36	80	5.82	5.58
50	13.08	14.64	85	3.78	3.84

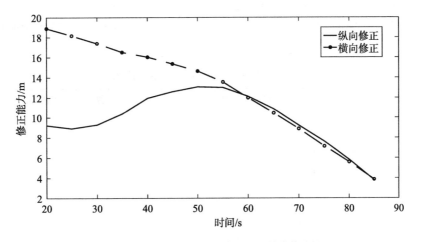

图 4 − 9　弹道修正能力与点火时间对应关系图

从表 4 − 1 和图 4 − 9 中可以看出，脉冲推冲器横向修正能力随着时间的推移逐渐降低，与上面的理论分析相一致。以弹道顶点为分界点，弹道顶点之后横向修正能力衰减的速度较弹道顶点之前快。结合图 4 − 8 分析可知，火箭弹到达顶点之前，弹体转速较高，脉冲推冲器作用过程扫过的角度会较大，脉冲推冲器产生的合力减小，达到顶点以后转速小且稳定，此时修正能力只与剩余

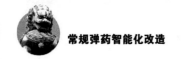

时间有关系。

从表4-1和图4-9中还可以看出，脉冲推冲器横向修正能力随着时间的推移而递减，纵向修正能力在随着射程的增加而不断增强，在弹道顶点处达到最大，此后修正能力逐渐衰减。脉冲推冲器在上升段的横向修正能力远大于纵向修正能力，而下降段的横向、纵向修正能力相当。

基于以上分析，确定脉冲推冲器横向修正的启控时间为卫星数据可用时刻，纵向修正启控时间为过弹道顶点后。

2）点火阈值

点火阈值是指激活脉冲推冲器所需的最小落点偏差值，点火阈值设置不合理会导致弹道偏差修正过量或者修正不足，每一种情况都会致使火箭弹的射击精度变差，为了提高火箭弹射击精度需要根据脉冲推冲器的弹道修正能力和弹道特点设置点火阈值。

从图4-9中可以看出，不同方位、不同时刻激活脉冲推冲器对应的弹道修正能力不同。可以将脉冲推冲器的修正能力和时间的对应关系保存下来，制成一个时间-点火阈值对应表，见表4-4。进行弹道修正时将预测偏差和修正能力进行比较，如果满足预测偏差值大于对应弹道点处脉冲推冲器的弹道修正能力则激活脉冲推冲器，此时的脉冲修正能力即为脉冲点火阈值，由于测量误差的存在，为避免修正过量可以在脉冲修正能力的基础上适当放大脉冲点火阈值。

表4-4 飞行时间-点火阈值对应表

飞行时间/s	横向点火阈值/m	纵向点火阈值/m
20～40	16～19	9～12
40～60	12～16	12～13
>60	4～12	4～12

从表4-4可以看出，横向点火阈值随着飞行时间的增加而不断减小，纵向点火阈值随着飞行时间的推移呈现了先增大后减小的趋势。从表4-4可以看出，由于单个脉冲推冲器的修正能力很小，理论上可以将火箭弹修正到很小的偏差范围内。

3）点火相位

点火相位是指所需的脉冲合力与准弹体坐标轴之间的角度差。采用落点预测导引方法对脉冲推冲器进行点火控制时，所需的脉冲修正力方位取决于射程偏差和横向偏差。

假设目标点为T，以目标点为坐标原点在水平面内建立落点偏差坐标系，如图 4 – 10 所示。

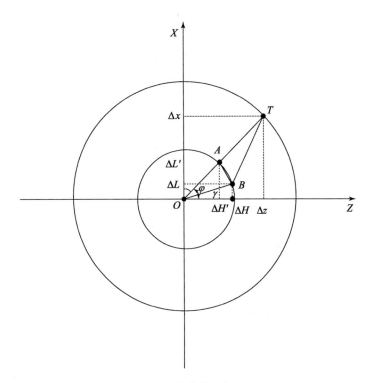

图 4 – 10　落点偏差坐标系

从图 4 – 10 可以看出，O 点为目标点，OX 轴为发射点与目标点连线的延长线，射程增加的方向为正。OZ 轴为横向偏差，与 OX 轴构成右手坐标系。OT 为预测落点偏差，Δx 为纵向预测偏差，Δz 为横向预测偏差。假设某时刻脉冲推冲器的横向、纵向修正能力分别为 $\Delta H'$ 和 $\Delta L'$，如果横向、纵向的预测偏差比值与横向、纵向修正的修正能力比值保持一致，即

$$\frac{\Delta H'}{\Delta L'} = \frac{\Delta z}{\Delta x} \qquad (4-28)$$

点火相位为 OT 方向时剩余偏差将最小，为 AT。但是从表 4 – 1 和图 4 – 10 中可以发现，在同一弹道点，脉冲力相等时横向和纵向的修正能力并不一致，即脉冲合力方向沿 OT 时对应的纵向和横向修正能力将分别为 ΔL 和 ΔH，点火相位为 OT 时实际剩余偏差将为 BT。由三角形的性质可知 $BT > AT$，实际剩余偏差大于最小剩余偏差。为了减小剩余误差，需要对点火相位进行优化。相位优化的目标是确保

$$\frac{\Delta H}{\Delta L} = \frac{\Delta z}{\Delta x} \qquad (4-29)$$

假设优化后的点火相位为 φ，则脉冲推冲器产生的修正力在横向和纵向分力为

$$\begin{cases} F_x = F \cdot \cos\varphi \\ F_z = F \cdot \sin\varphi \end{cases} \tag{4-30}$$

由表 4-1 可得同样的作用力在相同的时间点对于横向、纵向的修正能力不同，假设这一比值为 k，则由式（4-29）和式（4-30）可得同一时间点脉冲推冲器在横向、纵向的修正距离比值为

$$\frac{\Delta H}{\Delta L} = k \cdot \frac{F \cdot \sin\varphi}{F \cdot \cos\varphi} \tag{4-31}$$

当点火相位最优时需保证式（4-29）成立，即

$$k \cdot \frac{F \cdot \sin\varphi}{F \cdot \cos\varphi} = \frac{\Delta z}{\Delta x} \tag{4-32}$$

则由式（4-29）、式（4-31）和式（4-32）可得

$$\varphi = k \cdot atan(\Delta z / \Delta x) \tag{4-33}$$

φ 角即为最优点火相位角，按照此方位角激活脉冲推冲器时剩余误差最小，工程应用中可将修正能力比值提前解算出来，存储到飞行控制软件中，飞行中根据需要实时进行查表插值解算。

4）点火逻辑

当落点偏差值大于点火阈值时需要选定用于弹道修正的脉冲推冲器，选择脉冲推冲器时需要解决两个方面的问题，一是如何快速查找到所需脉冲推冲器，二是要避免重复查询。在此将数组的概念引用到脉冲推冲器选择算法中，提出了一种采用数组方式对脉冲推冲器进行编号、按照编号顺序选择脉冲推冲器的点火逻辑方法。此外，由于火箭弹加装修正舱段后其质心位置位于修正舱和尾翼之间，研究表明脉冲力矩修正效果要优于脉冲力修正效果，在此确定了上升段优先选择离弹顶最近的脉冲推冲器和下降段优先选择离弹顶最远的脉冲推冲器的基本选择原则。脉冲推冲器点火控制逻辑如下：

首先，对脉冲推冲器进行数值编号，以 8×8 为例进行解释。脉冲推冲器的布局如图 4-6 所示，在此定义离卫星接收天线最近的一圈为第 1 圈，脉冲推冲器的圈号随着与弹顶距离而增加。每圈的 8 个脉冲推冲器按照与地磁测量组件之间的位置关系依次编号为 1、2、…、8。至此，每个脉冲推冲器有唯一的一个编号，该编号以二维数组的形式表示，以 [3] [5] 为例，代表了该脉冲推冲器位于第 3 圈，在该圈的排号为第 5 个。

其次，脉冲推冲器数组编号初始化。火箭弹发射后热电池过载激活，弹道控制系统完成上电，弹载计算机将每个数组编号都赋予 0。

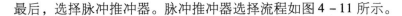

最后，选择脉冲推冲器。脉冲推冲器选择流程如图 4 – 11 所示。

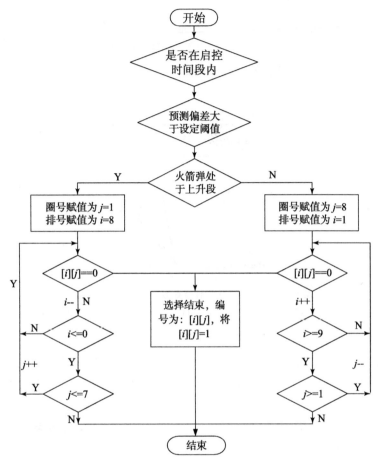

图 4 – 11　脉冲推冲器选择流程

从图 4 – 11 可以看出，采用脉冲推冲器进行弹道修正时首先要判断是否需要进行弹道修正，当需要进行弹道修正时脉冲推冲器的点火逻辑按照飞行阶段的不同分为上升段点火控制逻辑和下降段点火控制逻辑两种情况。以上升段点火控制逻辑为例，首先查找第 1 圈是否存在尚未被使用的脉冲推冲器，同一圈内按照序号升序排列方式依次进行查询，当查找到未被使用的脉冲推冲器时将该数组的标志位置 1，这样保证了脉冲推冲器不会被重复选择，至此一次查询结束。如果第 1 圈内脉冲推冲器已全部被使用完，则查询下一圈，直至用完。火箭弹飞行中每进行一次弹道修正都需要执行该流程。采用该方法避免了每次都需要查询所有的脉冲推冲器，节省了时间，提高了查询速度。此外，利用标志位置 1 的方式，避免了重复使用，可进一步提高脉冲推冲器的弹道修正效能。

2. 地面旋转点火试验验证

为了验证脉冲推冲器控制算法的正确性，需要进行脉冲推冲器点火试验。为使脉冲推冲器地面点火试验与实际飞行过程中脉冲修正更为接近，设计了地面旋转点火试验台，试验台的结构布局如图 4 – 12 所示。

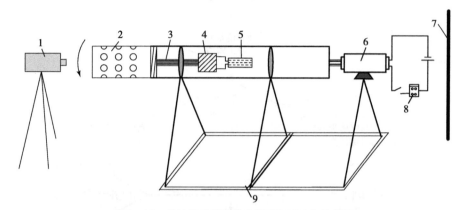

图 4 – 12　脉冲推冲器性能参数验证试验台示意图

1—高速摄影机；2—脉冲推冲器阵列；3—电缆；4—控制器；5—热电池；6—电动机；

7—背景板；8—控制板；9—转台支架

从图 4 – 12 可以看出，试验台由高速摄影机、脉冲推冲器阵列、控制器、热电池、电动机、控制板和背景板组成；此外，为了记录点火控制过程所产生的数据，控制器内安装有存储卡，用以记录过程数据。进行点火试验时脉冲推冲器阵列、弹载控制器和热电池在电动机的带动下随着转轴的旋转而转动，电动机的转速通过控制板来调节。将一台高速摄影机放置在转轴延长线方向上，记录点火过程，用以判断脉冲推冲器点火方位角是否正确。此外，为了增加对比度，在转台后面放置一块对比背景板。考虑到拍摄效果和拍摄时长，试验时采取了 500 帧的拍摄速度，连续两张图片之间的时间间隔为 2 ms。

为分析方便，要求脉冲推冲器点火方位角为 0°，为保证旋转台的稳定，点火时间间隔不小于 0.3 s，按照此要求进行了一组脉冲推冲器的点火试验，随机选取了一个脉冲推冲器，其工作过程如图 4 – 13 所示。

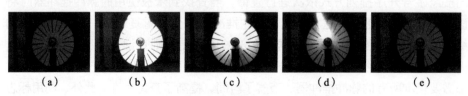

（a）　　　　　（b）　　　　　（c）　　　　　（d）　　　　　（e）

图 4 – 13　某一个脉冲推冲器旋转工作过程

从图 4 – 13 可以看出，图 4 – 13（a）中脉冲推冲器随转轴在旋转，图 4 – 13（b）中脉冲推冲器已产生了较大的火焰，说明脉冲推冲器在两幅图片中的某点已经开始工作。图 4 – 13（c）、（d）中脉冲推冲器正处于工作状态，图 4 – 13（d）只有零星的火焰，说明该时刻脉冲推冲器已经停止工作。从这 5 幅连续的图中可以看出，脉冲推冲器工作过程中产生的火焰一直冲上，实际的点火方位角与设计值完全一致，说明了脉冲推冲器点火控制算法的有效性。

3. 阻力板控制技术

阻力板为弹道修正弹常用的一种执行机构，依靠增加火箭弹的阻力实现射程偏差修正，其修正方式为气动力修正的一种。采用阻力板进行弹道修正可以大大提高无控火箭弹的纵向密集度，被认为是实现弹道修正最简单、最直接和成本最低的方式。课题组设计的阻力板为一次性展开执行机构，一旦展开后将无法缩回进行二次或者多次修正，阻力板射程修正效果完全取决于阻力板的展开时机，展开时机不准确将导致射程偏差修正过量或者修正不足，造成射程偏差较大，降低纵向密集度，所以射程修正弹最为关键的问题是确定阻力板的展开时机，常采用的方法为数值积分的方法，这种方法很难实现实时解算，为提高阻力板的弹道修正效能，需要对确定阻力板展开时机的算法进行深入研究。

1）阻力板弹道修正原理

阻力板修正弹的工作原理是火箭弹发射前有意地进行"远瞄"，火箭弹发射后弹道修正系统实时地对弹体位置、速度和姿态信息进行测量，实时预测纵向射程偏差和阻力板的修正能力，当纵向预测偏差和阻力板的修正能力满足一定的关系时发出阻力板展开指令，阻力板受控展开。阻力板展开后火箭弹受到的阻力增大，火箭弹逐渐向目标点靠近，直至落地。根据射程修正弹的工作原理绘制了射程修正弹的外弹道，如图 4 – 14 所示。

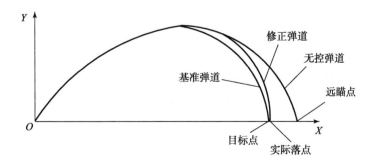

图 4 – 14　射程修正火箭弹外弹道示意图

从图 4 - 14 可以看出，对火箭弹不加以控制时火箭弹将命中远瞄点，由于阻力板的修正作用火箭弹将落在目标点附近，提高了火箭弹的纵向密集度。阻力板展开时机控制流程如图 4 - 15 所示。

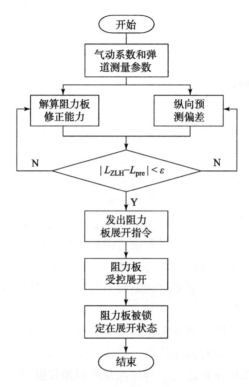

图 4 - 15　阻力板展开时机控制流程

从图 4 - 15 可以看出，为了有效实现弹道修正，火箭弹飞行过程中弹载计算机需要实时地对射程偏差和阻力板的射程修正能力进行预测解算，按照控制规律要求适时发出阻力板展开指令，修正弹道将逐渐向基准弹道靠近直至命中目标。从射程修正弹的工作原理可以看出，阻力板展开控制最为关键的是实时预测解算出落点偏差和阻力板的修正能力，阻力板展开控制最为关键的问题是实时解算出阻力板的射程修正能力。由于弹载计算机性能有限，要求控制算法简单、精度高。在确定阻力板的展开时机算法之前首先对阻力板的弹道修正模型进行介绍。

2）阻力板射程修正模型

为了实时解算出阻力板的射程修正能力，需要建立阻力板的射程修正模型，为分析方便在此对阻力板做以下基本假设：

（1）两片阻力板面积相同，展开响应时间一致。

（2）两片阻力板具有严格的面对称性。

（3）阻力板产生的阻力与火箭弹弹轴平行。

（4）阻力板展开后不会引起弹体滚转力矩、俯仰力矩和偏航力矩的变化。

根据外弹道学的知识可知，阻力板展开后引起的附加阻力为

$$F_{ZLH} = \frac{1}{2}\rho v^2 S_M \Delta C_x \tag{4-34}$$

式中，ΔC_x 为阻力板展开引起的附加轴向力系数，阻力板没有展开时该值为 0；F_{ZLH} 为阻力板展开后对弹体产生的阻力。

进行射程修正能力解算时实际是将不同马赫数下阻力板展开前和展开后对应的轴向力系数代入式中进行数值积分并对最后的射程进行比较的过程。

$$\begin{bmatrix} \dfrac{dV_x}{dt} \\ \dfrac{dV_y}{dt} \\ \dfrac{dV_z}{dt} \end{bmatrix} = \frac{1}{m}\begin{bmatrix} F_x + F_{rkx} + F_{cx} + F_{gx} + R_x + F_{ZLHx} \\ F_y + F_{rky} + F_{cy} + F_{gy} + R_y + F_{ZLHy} \\ F_z + F_{rkz} + F_{cz} + F_{gz} + R_z + F_{ZLHz} \end{bmatrix} + \begin{bmatrix} g_x \\ g_y \\ g_z \end{bmatrix} + \begin{bmatrix} a_{cx} \\ a_{cy} \\ a_{cz} \end{bmatrix} + \begin{bmatrix} a_{ex} \\ a_{ey} \\ a_{ez} \end{bmatrix}$$

$$\tag{4-35}$$

根据阻力板射程修正能力解算需要，对加装阻力板的射程修正弹进行了气动数据计算。

绘制了阻力板展开前、后轴向力系数对比图，如图 4-16 所示。

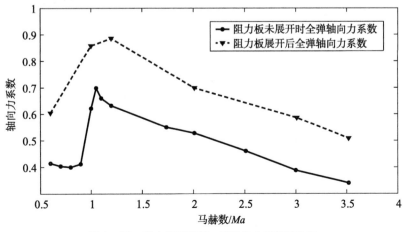

图 4-16　阻力板展开前、后轴向力系数对比图

从图 4-16 可以看出，阻力板展开后的轴向力系数明显大于阻力板展开前的值。阻力板展开前的轴向力系数在亚声速阶段基本保持不变，在声速附近急剧上升，在 1.05Ma 处轴向力系数达到最高值 0.697 7，此后轴向力系数随着马赫数的增加而单调递减。阻力板展开后，轴向力系数在声速之前随着马赫数的增加而增大，在 1.2Ma 处达到最大值 0.886，此后轴向力系数逐渐减小，但在 2Ma 之前这种减小的趋势并不明显。从图 4-16 还可以看出，在不同马赫数下，阻力板展开后的轴向力系数值增幅量不同，2Ma 时轴向力系数从 0.528 1 增加到 0.847 5，增幅量为 0.319 4，其他马赫数处增幅量相对较小，所以不能单纯地在阻力板前轴向力系数的基础上乘以一固定常数来代替阻力板展开后的轴向力系数。

采用四阶龙格 - 库塔法编制弹道解算程序，以马赫数为自变量对轴向力系数进行线性插值，在标准条件下，计算了 45° 射角的弹道在不同射程处展开阻力板对应的修正能力，如图 4-17 所示。

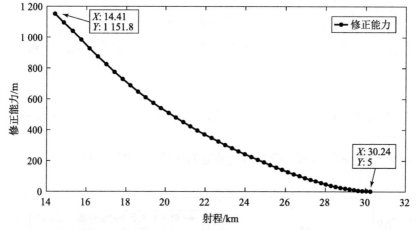

图 4-17 不同射程处展开阻力板对应的修正能力

从图 4-17 可以看出，在不同的射程处展开阻力板时对应的修正能力不同，射程为 14.41 km 时其修正能力为 1 152 m，随着射程的增加其修正能力逐渐衰减，在短距离内阻力板修正能力可以认为是线性衰减的，但对于整条弹道来说，这种衰减的趋势类似于开口向上抛物线的左侧，为了确定阻力板的展开时机可以利用阻力板的这种修正能力分布特点。

3) 阻力板展开时机

由前面分析可知，确定阻力板展开时机最关键的问题是实时解算出阻力板的修正能力，最常用的方法是采用数值积分的方法，该方法对于弹道参数初始误差较为敏感。此外，采用该方法进行修正能力解算时需耗时几秒甚至十几秒，无法满足阻力板展开时机实时性的要求，所以数值积分方法工程应用性不强。胡荣林等人提出了利用最小二乘拟合计算弹丸纵向加速度，同时假设加速度值和弹着点弹道倾角为恒定值，利用弹道积分计算阻力板修正能力，控制阻力板的展开，这种方法简化了计算量，但是计算精确度差。本书根据阻力板的修正能力分布特点提出了一种发射前提前解算阻力板修正能力、发射后根据阻力板的修正能力数值表线性插值解算阻力板修正能力的方法，这种方法不需要进行循环积分，一次插值便可计算出在不同射程下的阻力板修正能力，可降低计算时间。下面对阻力板修正时机的算法进行深入研究。

（1）发射前解算修正能力数值表。

为了准确确定阻力板的展开时机，在火箭弹发射前需要根据实际气象信息和炮位、目标点坐标解算出阻力板的修正能力。采用射程修正弹进行射击时，需要有意地进行"远瞄"，此"远瞄"距离称为射程扩展量。当按照增加射程扩展量后对应射程解算的射击诸元进行射击时，受随机误差的影响无控火箭弹的射程散布是随机的，理论上来说需要计算不同弹道对应的阻力板修正能力，但由于阻力板的修正能力在小范围内是线性衰减的，因此只需要计算几条有代表性的弹道对应的阻力板的修正能力即可，使用时可利用线性插值获得相近弹道的阻力板修正能力。

当射程扩展量确定时，需要选择具有代表性的弹道，所选弹道更接近于基准弹道时对应的阻力板修正能力会导致修正过量，所选弹道远大于射程扩展量对应的弹道时，修正能力线性衰减的特性将不再适用，进行线性插值时将会出现方法误差。当射程扩展量为 d 时，根据数理统计知识，无控弹着点介于 $d/2 \sim 3d/2$ 的概率为 68.26%，包括了绝大多数弹道，在此选择计算射程扩展量为 $d/2$ 和 $3d/2$ 对应弹道的阻力板修正能力，经验表明这种选择是可行的、有效的。

由图 4-18 可知，火箭弹在标准条件下 45°射角对应的阻力板修正能力可达 1 151.84 m，按照黄义等人所提射程扩展量计算方法，如果以标准条件下 45°射角对应的坐标为目标点使用射程修正弹时，需要"远瞄"的距离为 600 m 左右。以射程扩展量 600 m 为例对阻力板修正能力数值表的计算进行说明，具体计算流程如图 4-18 所示。

其中，t_i 表示阻力板展开时刻设定值，Δt 表示相邻两次阻力板修正能力计算的时间间隔，T_{first} 表示阻力板第一次展开的设定时刻。从图 4-18 可以看出，射程扩展量为 600 m 时需要计算射程扩展量为 300 m 和 900 m 对应弹道的阻力板修正能力数值表。由于计算原理相同，只介绍射程扩展量为 300 m 的弹道对应的阻力板修正能力。

当已知炮位和目标点的坐标以后，可计算炮位和目标点之间的距离，设此

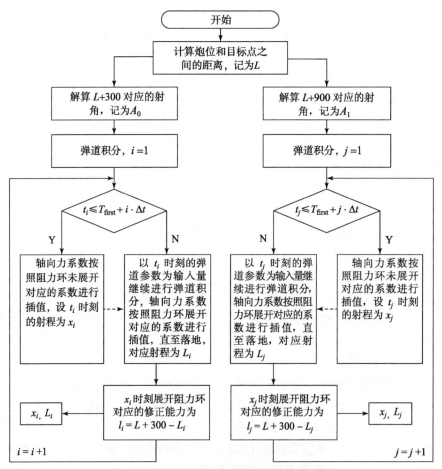

图4-18 阻力板修正能力数值表计算流程图

距离为 L 。首先，利用弹道解算程序解算出远瞄300 m射程对应的射角，记为 A_0 ；其次，以射角 A_0 为输入量进行弹道积分，当弹道积分时间小于设定值 t_i 时表示火箭弹无控飞行，记录此状态下最后一点的射程，设为 x_i ；然后，当弹道积分时间大于等于设定值 t_i 时表示阻力板展开，开始进行控制飞行直至落地，设弹着点对应的射程为 L_i ，则 x_i 射程处对应的阻力板修正能力为

$$l_i = L + 300 - L_i \tag{4-36}$$

记为 (x_i, l_i) ，至此一组射程-阻力板修正能力计算结束。按照同样的方式可循环解算同一弹道在不同时刻展开阻力板对应的修正能力。间隔取得越小，数组个数越多，越精确，但是数据量会急剧增加，这可根据弹载计算机的存储量决定。为了插值解算方便，射程扩展量为300 m和900 m计算的阻力板修正能力数组个数应相同，设这个数为 N 。将射程扩展量为300 m和900 m计算的射

程 – 修正能力数组分别记为 ($x_{near}[i]$，$l_{near}[i]$)和($x_{far}[i]$，$l_{far}[i]$)，其中 $i = 1$，2，3，…，N。

（2）在线实时解算修正能力

前面给出了阻力板修正能力的计算方法，完成修正能力解算以后需要将修正能力数值表上传到弹载计算机上，用于阻力板的展开控制。为使阻力板的修正能力解算值更为精确，在进行解算前需要对修正能力数值表进行预处理，然后用于控制阻力板的展开。由于阻力板较多在过弹道顶点以后展开，可在弹道顶点处对修正能力数值表进行处理、选择。是否到达弹道顶点可根据弹体法向速度 V_y 值来判断，当 $V_y < 0$ 时说明弹丸已过弹道顶点。修正能力数值表处理、选择及对阻力板的展开控制流程图如图 4 – 19 所示。

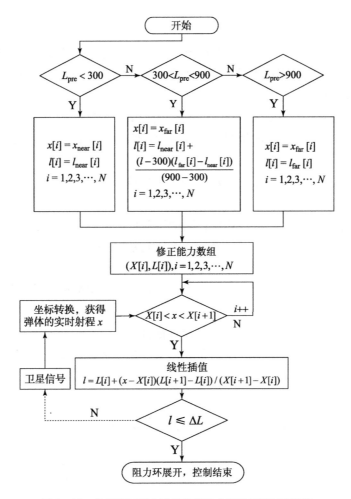

图 4 – 19　使用修正能力数值表的阻力板展开控制流程图

从图 4 – 19 可以看出，对修正能力数值表使用时先进行预处理然后进行插值解算。假设由 V_y 值判断得知某时刻火箭弹已到达弹道顶点则飞行控制模块进入阻力板展开控制环节。假设弹道顶点处的射程预测偏差为 L_{pre}，如果满足 $L_{pre} < 300$ 的条件说明当前弹道与射程扩展量为 300 m 的弹道更为接近，阻力板修正能力相当。为使用方便，将扩展量为 300 m 弹道对应的射程 – 修正能力数组 ($x_{near}[i]$，$l_{near}[i]$) 赋予另一新数组 ($X[i]$,$L[i]$)。如果此时的预测值大于 300 m 同时小于 900 m，说明当前弹道与射程扩展量为 L_{pre} 的弹道相似，由于射程修正能力的变化基本上是线性的，利用式 (4 – 37) 可计算射程扩展量为 L_{pre} 弹道的阻力板修正能力。

$$L[i] = L_{near}[i] + (L_{pre} - 300)(L_{far}[i] - L_{near}[i])/(900 - 300)$$

$$(4 - 37)$$

计算出修正能力后同样将插值后的射程 – 修正能力数组赋予 ($X[i]$,$L[i]$)。如果此时的预测值大于 900 m，可将修正能力直接赋予同一数组，原因同上。一旦完成修正能力数值表预处理后弹道修正系统在剩余弹道中不再对修正能力数值表进行处理。

对修正能力数值表处理、选择以后，假设 t 时刻的射程为 x，首先搜索射程 x 在修正能力数值表中的位置，当确定射程所处区间后，可根据式 (4 – 38) 插值计算射程为 x 处的阻力板的修正能力 l。

$$l = L[i] + (x - X[i])(L[i+1] - L[i])/(X[i+1] - X[i])$$

$$(4 - 38)$$

当阻力板的修正能力小于等于此时的预测偏差 ΔL 时发出阻力板展开指令，如果不满足条件，则循环进行计算，直至满足展开控制要求，一旦发出阻力板展开指令后整个控制流程结束。

综上分析可以看出，阻力板展开时机的算法分为发射前提前解算阻力板修正能力和发射后在线解算两部分，采取这种方式缩短了阻力板修正能力的在线计算时间，解决了阻力板修正控制实时性的问题，工程应用性更强。为了验证阻力板展开时机算法的精确性，进行了阻力板展开控制仿真验证和试验验证。

4.6 智能火箭弹发展趋势

与一般火炮弹丸相比，火箭弹具有如下优越性：高速度和远射性；威力大，火力密度强；机动性和火力急袭性好；发射时作用于火箭弹诸零件上的惯性力小。因此，第二次世界大战以来备受许多军事强国的重视。特别是近十几年来，中、远程火箭弹在局部战争中更是发挥了重大的作用。随着一些高新技术、新材料、新原理、新工艺在火箭弹武器系统研制中的应用，火箭弹在射程、威力、密集度等综合性能指标方面都有了较大幅度的提高。其发展趋势为：采用高能推进剂与优质壳体材料，实现远程化；改进设计，提高密集度；加装简易控制，对其弹道进行修正，提高命中精度，实现精确化；配备多种战斗部，拓宽用途，提高威力，实现多用途化。

4.6.1 远程化

推进剂的比冲大小和装量多少是决定火箭弹射程远近的重要参数。近年来高能材料在固体推进剂制造中的应用，使得推进剂性能有了大幅度提高。目前，改性双基推进剂添加黑索今、铝粉以后，其比冲已达到 240 s 以上；而复合推进剂的比冲则达到了 250 s 以上。近年来高强度合金钢、轻质复合材料等高强度材料通常用作火箭壳体材料，同时采用强力旋压、精密制造等制造工艺技术，不仅减轻了壳体质量，提高了材料利用率，降低了生产成本，而且火箭弹的消极质量得以大幅下降，推进剂的有效装载量也得以提高。在总体及结构设计方面，采用现代优化设计技术、新型装药结构、特型喷管等，有效地提高了推进剂装填密度和发动机比冲。

这些新材料、新技术、新工艺的应用使得火箭弹的射程不断提高。目前，火箭射程方面的发展主要有两个方面：①现有火箭弹改造，提高其射程——如目前大多数国家已装备的 122 mm 火箭弹，经过改造以后，其射程已达到 30 ~ 40 km；②大力开发研制大口径远程火箭弹——目前，已装备或正在研制的远程火箭弹有埃及的 310 mm 口径 80 km 火箭弹、意大利的 315 mm 口径 75 km 火箭弹、俄罗斯的 300 mm 口径 70 km 火箭弹、美国的 227 mm 口径 45 km 火箭弹、巴西的 300 mm 口径 60 km 火箭弹、印度的 214 mm 口径 45 km 火箭弹等。从目前火箭弹的发展趋势来看，最近几年内火箭弹的射程有望达到数百千米。

4.6.2 精确化

落点散布较大是早期火箭弹最大的弱点之一。随着射程的不断提高，在相对密集度指标不变的情况下，其散布的绝对值越来越大，这将大大影响火箭弹的作战效能。

近几十年来为了提高火箭弹的射击密集度，已开展了大量的研究工作。在常规技术方面，进行了高低压发射、同时离轨、尾翼延时张开、被动控制、减小动不平衡以及推力偏心喷管设计等技术的研究。有些研究成果已被应用在型

号研制或装备产品改造中，并取得了明显的效果。如微推力偏心喷管设计技术在 122 mm 口径 20 km 火箭制造中被应用之后，其纵向密集度已从 1/100 提高到 1/200 以上。在非常规技术方面进行了简易修正、简易制导等先进技术的研究。俄罗斯的 300 mm 口径 70 km 火箭弹采用简易修正技术，对飞行姿态和开舱时间进行修正以后，使得其密集度指标达到 1/310。美国和德国在 MLRS 多管火箭炮上采用惯性制导加 GPS 技术，研制出了制导火箭弹。未来的火箭弹将会采用简易制导、多模弹道修正、灵巧智能子弹药等先进技术，实现对大纵深范围内多类目标的精确打击。

4.6.3 多用途化

早期的野战火箭弹主要用于对付大面积集群目标，所配备的战斗部仅有杀爆、燃烧、照明、烟幕、宣传等作战用途，而单兵使用的反坦克火箭弹也只有破甲和碎甲的作战用途。

现代野战火箭弹在兼顾对付大面积集群目标作战任务的同时，已开始具备高效毁伤点目标的能力，并且战斗部的作战功能实现多极化。目前，为了消灭敌方有生力量及装甲车辆等目标，大多数火箭弹都配有杀伤/破甲两用子弹子母战斗部；为了能快速布设防御雷场，已研制了布雷火箭弹；为了提高对装甲车辆的毁伤概率，许多国家在中、大口径火箭弹上配备了末敏子弹和末制导子弹药；为了高效毁伤坦克目标，除研究新型破甲战斗部，提高破甲深度外，也开展了多级串联、多用途以及高速动能穿甲等火箭弹战斗部的研制；为了使火箭弹在战场上发挥更大的作用，许多国家正在研制侦察、诱饵、新型干扰等高技术火箭弹，如澳大利亚和美国正在研制一种空中悬浮的火箭诱饵弹，主要用于对抗舰上导弹系统。

随着现代战争战场纵深的加大、所需对付目标类型的增多以及目标综合防护性能的提高，要求火箭弹的设计与研制不仅要大幅提高战斗部的威力，其作战用途也要进一步拓宽。

第 5 章

小口径弹药智能化改造

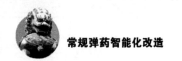

|5.1　概　　述|

5.1.1　常规小口径弹药发展历程

对弹药按口径划分，直径小于 20 mm 的统称为枪弹，俗称子弹；对于地面炮，直径在 20 ~ 70 mm 的称为小口径弹药；对于高射炮，直径在 20 ~ 60 mm 的称为小口径弹药；对于舰载炮，直径在 20 ~ 100 mm 的称为小口径弹药。

枪弹弹药出现最早，公元 1132 年，我国古代军事家陈规发明了竹管火枪，该枪利用黑火药发射石子等，其可视为枪弹弹药的雏形。17 世纪出现了铁壳群子弹。欧洲殖民扩张及近代的两次世界大战催生出不同口径、功能的枪弹弹药，如手枪弹、冲锋枪弹、机枪弹、水下手/步枪弹、曳光弹、穿甲弹、穿甲爆炸燃烧弹等。但通常所说的小口径弹药主要指炮弹，不包括枪弹弹药，本章不做详细介绍。

1. 枪榴弹

为了更好地攻击战场上坦克或其他装甲目标，杀伤有生力量，破坏土木工事或火力点，人们发明了枪榴弹，其是用枪和枪弹发射的榴弹。枪榴弹主要配备步兵使用，其特别适用于山地、丛林作战和城市巷战；属于火力支援弹药，用于弥补手榴弹和迫击炮弹之间的火力空白，大大提高了步兵的现代战场的防御和攻击能力，也是步兵反装甲、面杀伤有生目标的主要力量。枪榴弹之所以受到步兵青睐，是因为其以下特点：

（1）体积小，质量轻，便于携带。用步枪就可发射，不受地形、气候条件限制。

（2）威力大，精度好，是单兵近代作战的有效武器之一。

（3）构造简单，使用方便，成本低，弹种不受限制，步兵人人可用。

20 世纪 70 年代初，人们通过对未来战场上步兵面临的目标分析，确定了枪榴弹的战术使用以面杀伤和反装甲为主。从此，枪榴弹开始了小型化、轻量化、弹种系列化和采用实弹发射的方向发展。枪榴弹上装有捕弹器之后，就可以直接用普通枪弹发射，发射速度比过去用专用空包弹发射提高了几倍，真正做到了一专多能。

2. 榴弹发射器用弹药

榴弹发射器有"小迫击炮"的美称，能对散兵坑、单人掩体和火力点一类的暴露目标进行平射，而且还对反斜面、洼地、战壕及掩体内的隐蔽目标进行曲射或超越射击。发射高爆榴弹可对敌有生面目标进行有效杀伤，配用特种榴弹，可用于照明、信号、施放烟雾和破甲等。因而，榴弹发射器发射的弹药同样是步兵发射的"炮弹"。

3. 装甲车辆用小口径榴弹

为了更好地攻击战场上视距内的轻型装甲目标及有生敌群，小口径穿甲弹和杀伤爆破燃烧弹开始出现。小口径穿甲弹主要用于毁伤各种轻型装甲步兵战车、装甲输送车、装甲指挥车及其他装甲目标，亦可用于攻击低空目标。弹丸发射后，弹丸风帽、弹托等在高速离心力作用下与弹芯分离。弹芯一般由金属钨制成，并在惯性作用下以极高初速和转速飞向目标。小口径杀伤爆破弹主要用于压制、消灭地面视距内有生力量和简易火力点，亦可用于攻击空中目标，该类弹初速高，弹道平直，一般用于直瞄射击，弹丸具有触发、自毁、延时、定距空炸等功能。

4. 小口径高炮弹药

防空高炮弹药类型很多，有高炮榴弹（爆破弹、曳光爆破弹、爆破燃烧弹、杀爆弹），穿甲弹，预制破片弹，集束式预制破片弹和多用途弹等。为了缩短高炮反应时间、增加机动性、提高命中概率，目前高炮弹药向高初速、高

射速、低膛压、大威力及制导化方向发展。

20世纪50年代以后，由于低空导弹技术的发展，各类高射炮弹曾一度受到冷落。但随后，作战飞机向低空、超低空、高速度和高机动性发展（并以俯冲突袭为主要的攻击方式，加上攻击地面目标的制导炸弹和导弹的兴起），高炮弹药又以成本低、射速高、反应快、不怕干扰、应用多功能引信技术后可定距空炸等优点，于20世纪70年代初，时逢"柳暗花明又一村"而东山再起，并理所当然地充当了多层防空体系中近程防空的重要角色。

5.1.2　常规小口径弹药的种类

1. 枪榴弹

枪榴弹的类型很多。按用途可分为杀伤枪榴弹、反坦克枪榴弹、杀伤破甲枪榴弹、燃烧枪榴弹、发烟枪榴弹、照明枪榴弹、防暴枪榴弹等；按枪榴弹与发射装置匹配的不同，可分为尾管式枪榴弹、尾杆式枪榴弹、全入式枪榴弹、环翼式枪榴弹、弹筒合一式枪榴弹；按获得速度的方法不同，可分为普通枪榴弹和火箭增程枪榴弹。

现代枪榴弹主要具有以下特点：

（1）体积小、质量轻，利于携行使用，操作简便，不占编制。枪榴弹是用步枪或冲锋枪发射，不需要另外的发射装置，并且弹上装有简易的瞄准具，使用简单方便。在步兵内配备步枪和冲锋枪的战士都可携带4~6发枪榴弹，步枪手人人可用，可随时利用战机，充分发挥武器的最大战斗效能。绝大多数枪榴弹都采用这种外插式发射方式，弹体是外露的，因此弹径可根据战术需要和威力要求而定。

（2）杀伤枪榴弹弹体多采用球形或柱形预制破片结构，配瞬发引信或碰炸引信；反坦克枪榴弹多为铝制壳体，空心装药，配机械引信或压电瞬发引信。

（3）结构简单、造价低廉，标准化、通用化程度高。当前世界各国（个别国家除外）生产的枪榴弹，绝大多数尾管内径都为22 mm，尾管孔深为120 mm左右。

2. 榴弹发射器用弹药

榴弹发射器是以枪炮原理发射小型榴弹的武器，因其外形和结构酷似步枪和机枪，故人们常称之为"榴弹枪"或"榴弹机枪"。在现代战争中，榴弹发射器的使用可提高步兵分队的独立作战能力，增大步兵杀伤密度及控制地带，赋予步兵与多种目标作战的手段。

小口径榴弹发射器的主要特点是：口径小（通常为 30～40 mm），质量轻；有单发和自动连发两种结构。可连发的自动榴弹发射器通常配有三脚架，可在地面使用，也可在直升机或装甲车上使用，发射速度可达 300～400 发/min。可直接瞄准或间接瞄准，最大射角达 70°，最大射程通常为 1 000～2 200 m，配用的弹丸有榴弹、破甲弹、照明弹等。

榴弹发射器用榴弹也是靠弹丸爆炸后形成的破片和冲击波毁伤目标，其主要特点是口径小、质量轻、膛压低，战斗部通常为全预制或半预制破片，扇形靶密集杀伤半径为 5～15 m。杀伤威力比重机枪大得多，与手榴弹相当。另外由于射角大（可达 70°），所以能从隐蔽的发射阵地上间接瞄准射击，摧毁遮蔽物后面或反斜坡上的有生目标。

榴弹发射器用破甲弹主要用来摧毁敌人的步兵战车、非装甲车辆和混凝土工事，必要时也可对坦克的侧甲和顶甲进行射击。

特种枪榴弹包括照明弹、发烟弹、红外干扰弹、地面标示弹、防暴弹等。

3. 装甲车辆用小口径榴弹

装甲车辆用小口径榴弹主要有 25 mm 榴弹系列和 30 mm 榴弹系列，具体有穿甲弹、杀爆弹等型号之分。穿甲弹主要用于毁伤各种轻型装甲步兵战车、装甲输送车、装甲指挥车及其他装甲目标，亦可用于攻击低空目标。杀爆弹则主要用于毁伤各种地面有生力量，配用的触发引信也可用于毁伤轻型装甲目标，必要时也可用于攻击空中目标，包括无人机、直升机等。装甲车辆用小口径榴弹具有弹丸直径小、装弹量大、弹丸初速高、连发射速快等优点，可在短时间内迅速形成火力压制或摧毁目标。

4. 小口径高炮弹药

在诸多防空武器中，高炮仍是最为广泛使用的一种防空武器。苏联（俄罗斯）等国家划分高射炮口径的标准是 20～60 mm 为小口径，按西方国家的一般观点，20～30 mm 为小口径。现装备的高射炮大都是 60 mm 以下口径，主要有 20 mm、23 mm、25 mm、30 mm、37 mm、40 mm 和 57 mm 8 种口径，其中尤以 20～40 mm 口径占多数，大多为双管联装，而且以自行式为多。实践证明，30～40 mm 口径的高炮，既可保证较大的射程和威力，又具有射速高、质量轻、机动灵活的特点，是小口径高炮理想的口径范围。

5.1.3 常规小口径弹药的基本结构及弹丸外形

1. 枪榴弹

1) 某型 35 mm 杀伤枪榴弹

某型 35 mm 杀伤枪榴弹的结构如图 5-1 所示。

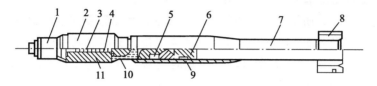

图 5-1 某型 35 mm 杀伤枪榴弹的结构

1—引信；2—弹体；3—扩爆管；4—炸药；5—缓冲器；6—子弹收集器；

7—尾管；8—尾翼；9—密封圈；10—尼龙塞；11—衬垫

其战斗部直径为 35 mm，内部铸装 B 炸药。中间为扩爆管，内装扩爆药柱。扩爆管由泡沫塑料衬垫和尼龙塞支承。为防止破片形成时沿轴向的尺寸过长，内表面车制环形槽，构成半预制破片。在底部放有 3 mm 钢珠，增加了破片的数量。

尾管后部固定着塑料压制成的 6 片尾翼，飞行中起稳定作用。其中两片同时钻有直径为 3.5 mm 的小孔，用来安放瞄准用标尺。尾管中部装有子弹收集器。收集器为铝合金制成，射击时在子弹碰击下变形，并挤压缓冲器，使枪榴弹获得一定的速度。射击时子弹的旋转能量通过收集器、橡胶圈、缓冲器传递给尾管，从而可以改善射击精度。

该弹配用高灵敏度机械触发引信。在发射前取下引信上的运输保险销，射击后弹体离枪口 15 m 时引信解除保险。当碰击目标时，引信作用起爆扩爆管，进而使炸药爆炸。战斗部爆炸后大约生成 300 片破片，杀伤半径为 5 m。该枪榴弹的初速为 63~79 m/s，最大射程为 300~400 m。全弹长约为 290 mm，全弹质量为 0.385 kg。

2) 我国某型 40 mm 多用途枪榴弹

我国某型 40 mm 多用途枪榴弹是我国于 1996 年定型生产的弹种。该枪榴弹主要由战斗部、引信、带捕弹器的尾管、尾翼及表尺组成。其结构简单、操作方便、质量轻、威力大，且具有杀伤、破甲、燃烧等多种作用，是步兵携带的理想多用途近战武器。战斗部装有预制破片和燃烧剂，其中间位置是空心聚能装药，可穿透 80 mm 厚钢板的装甲防护；采用全保险型机械引信。为使作用可靠，引信内装固定的保险机构和不可复位的旋转加速调节装置；尾管采用厚壁设计，可与直径 22 mm 的发射具配用，捕弹器可确保发射时的安全性；瞄准时可用标尺选择不同的射程。

2. 榴弹发射器用弹药

1）美国 M684 杀伤弹

该弹配用无线电近炸引信，口径 40mm，质量（含药筒）335 g，长度（含药筒）112 mm，初速 244 m/s，最大射程 2 200 m。为空炸杀伤榴弹，用 M75 和 M129 榴弹发射器发射。用弹链供弹，每条弹链装弹 50 发。其结构如图 5 - 2 所示。

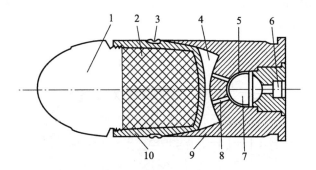

图 5 - 2　美国 M684 杀伤弹的结构
1—引信；2—炸弹；3—弹带；4—低压室；5—密封盖箔；
6—底火；7—高压室；8—传火孔；9—药筒；10—弹体

该弹为钢弹体，压有紫铜弹带，内装 A5 混合炸药（主要成分为黑索今）。弹丸前端为无线电近炸引信，它含有线路、液体电源、电雷管、机械安全保险机构和一个独立的碰炸机构。弹丸压配在铝制药筒内，药筒为高低压药室结构，发射药置于高压室内，高压药室的前部放有铜制密封盖箔，高压室后部为带有底火的密封螺塞。

作用过程：发射时，榴弹发射器击针击发底火，点燃高压室内的火药，火药气体压力达到一定值时，火药气体冲破小孔处密封盖箔，进入低压室，使弹丸向前运动，与此同时，弹带嵌入膛线，使弹丸旋转，保证弹丸稳定飞行，出炮口获得 244 m/s 的初速，弹丸飞离炮口 18 ~ 36 m 时，引信解除保险，离炮口 125 m 时电路保险解除。当弹丸接近目标时，引信发射的电磁波由目标返回，经检测后使点火电路接通，电雷管起爆，弹丸离地面一定高度爆炸。爆炸高度随目标反射无线电电波的能力和接近时的角度而变化。当电路系统产生故障而未能起作用时，引信碰击目标或地面，则引信的触发机构起作用，使弹丸起爆。

2）瑞士 40 mm 预制破片弹

该弹是瑞士厄利空公司研制的系列空爆弹药之一，口径 40 mm，适用于目前装备的大多数自动榴弹发射器，可有效对付轻型和步兵战车，也可对付隐蔽物后面的有生力量。该弹采用类似于 AHEAD 弹的可编程引信的设计思想，当弹丸通过炮口的预订线圈时，根据攻击目标类型以及目标的信息，预订引信的功能模式或者起爆时间。如图 5 - 3 所示，该弹为预制破片式杀伤榴弹，主要由底座、弹体、弹带、预制破片、炸药和引信等部分组成。弹总长 112 mm，全弹质量 350 g，弹丸质量 248 g，初速 242 m/s，炸药质量 30 g，预制破片 330 枚 80 g，炮口安全距离 40 m，自毁时间 11.3 s；射程/飞行时间 500 m/2.3 s，1 000 m/5.3 s，1 500 m/9.3 s。

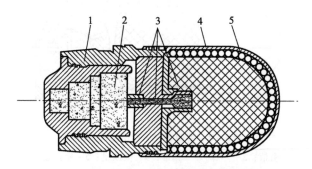

图 5 - 3 瑞士 40 mm 预制破片弹的结构

1—底座；2—引信；3—传爆序列；4—弹体；5—预制破片

底座外部刻有弹带槽，用于装配弹带，内部旋装弹底引信，前部和弹体相连；弹体为轻质材料，头部为圆拱形，内部放置高能炸药和预制破片，破片为质量 0.25 g 的钨球，共 330 枚。引信为可编程的电子时间引信，由电源、电子时间模块、安全保险装置和传爆序列等部分构成。

3）美国 XM430 杀伤破甲双用途弹

该成型装药破甲弹最大特点是：初速高（244 m/s），射程远（最大射程 2 200 m），转速高；药型罩采用了抗旋错位药型罩；钢制弹体内壁刻有预制槽，炸药爆炸时药型罩形成金属射流，弹体形成大量半预制破片，所以该弹同时具有破甲和杀伤两种作用。药筒采用高低压药室，其结构如图 5 - 4 所示。全弹质量（含药筒）340 g，全弹长（含药筒）112 mm，初速 244 m/s，破甲威力（着角 0°时，可穿透装甲钢板）50 mm，最大射程 2 200 m。

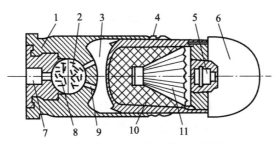

图 5 – 4　美国 XM430 杀伤破甲双用途弹的结构

1—药筒；2—高压室；3—低压室；4—弹带；5—传爆管；6—引信；

7—底火；8—发射药；9—传火孔；10—炸药；11—药型罩

3. 装甲车辆用小口径榴弹

1）某型 25 mm 脱壳穿甲弹

该弹为定装式整装炮弹，由弹丸、发射装药、药筒和底火组成。弹丸外形及结构布局如图 5 – 5 所示。

弹丸由飞行弹芯、底托、塑料弹托等组成。

2）某型 30 mm 杀爆弹

该弹为定装式整装炮弹，由引信、弹丸、发射装药、药筒和底火组成。弹丸外形及结构布局如图 5 – 6 所示。

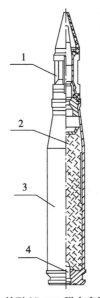

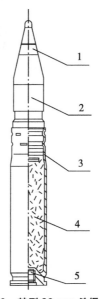

图 5 – 5　某型 25 mm 脱壳穿甲弹结构

1—弹丸；2—发射装药；

3—药筒；4—底火

图 5 – 6　某型 30 mm 杀爆弹结构

1—引信；2—弹丸；3—药筒；

4—发射装药；5—底火

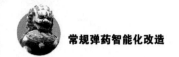

弹丸由弹体、炸药、导带等组成。弹体由冷拉圆钢经机加工而成。导带被压在导带槽中，经机加工而成。

4. 小口径高炮弹药

在众多的小口径高炮弹药中，瑞士厄利空公司研制的双35 mm高炮系列弹药应用较多，主要用来对付空中目标、轻型装甲或无装甲的地面和海上目标。图5-7所示为厄利空双35 mm榴弹系列弹头。该高炮榴弹具有如下特点：①弹壁较薄，装药量大；②射速高、火力猛；③弹丸初速高，存速大；④引信具有一定的延时功能，保证弹丸能够进入目标内部爆炸，增加对目标内部的毁伤效应。

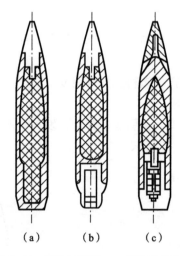

(a)　　　(b)　　　(c)

图5-7　厄利空双35 mm榴弹系列弹头

|5.2　智能小口径弹药发展现状|

5.2.1　国外智能化小口径弹药

当前由于120 mm迫击炮弹药和155/105 mm榴弹炮弹药的精确化技术逐步向小型化武器发展使得广泛应用于机载、车载以及舰载武器系统的口径介于12.7~60 mm的武器弹药通过采用简易弹道修正技术、新型弹药炸点控制技术、新型弹药结构设计简易末制导技术等，不断提升精确性、杀伤力和使用灵活性，并逐步填补了原有轻武器与火箭推进类武器之间的空白。

1. 简易弹道修正技术成为小口径弹药精确化之路的发展亮点

1）美国桑迪亚国家实验室的制导子弹

2012 年 1 月 31 日，美国桑迪亚国家实验室披露了最新研制的 12.7 mm 激光半主动制导枪弹，仿真结果表明，1 000 m 距离上的命中精度控制在 0.2 m 以内，远高于传统 12.7 mm 枪弹的 9 m，射击精度有了革命性提高；特里蒂尼科学与成像公司 12.7 mm 指令制导枪弹进入演示系统研制阶段，射程和精度要求提高 1 倍以上。

制导枪弹的研究可追溯到 20 世纪 90 年代初，已申请多项专利，目前仅美国发展，2007 年后正式立项。研究工作主要集中于 12.7 mm 激光半主动制导枪弹和 12.7 mm 指令制导枪弹两种。12.7 mm 激光半主动制导枪弹由桑迪亚国家实验室自筹资金于 2007 年开始研制，关键部件包括光学传感器、制导与控制电子元件、电磁致动器和尾舵等。该制导枪弹用滑膛枪发射，弹丸出膛后，利用弹头上的传感器接收编码激光信号，在飞行过程中根据激光信号的脉冲重复率修正弹道（每秒可修正 30 次），以提高射击精度，如图 5-8 所示。目前已完成计算机模拟和样弹试验，重点攻克了气动稳定设计、"磅-磅"控制等关键技术，消除了横向过载、简化了控制系统，能够精确命中 2 000 m 距离内的运动和静止目标。12.7 mm 指令制导枪弹背景项目由美国国防高级研究计划局（DARPA）投资，特里蒂尼科学与成像公司于 2008 年开始研制，2012 年 12 月底交付首套完整的演示系统。该弹重点攻克了 12.7 mm 枪弹用制导与控制装置、弹载电源及传感器的设计与集成、弹载部件抗高过载等关键技术，其性能要求比现有最先进狙击步枪的射程和精度提高 1 倍以上。

（a）　　　　　　（b）　　　　　　（c）

图 5-8　激光半主动制导枪弹样弹

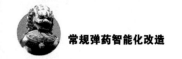

2）美国 EXACTO 计划

（DARPA）也在进行类似研究，其"终极精确任务武器"计划（The Extreme Accuracy Ordnance，EXACTO）致力于革命性地提升狙击手远距离射击的精度，使武器不受目标运动、重力加速度和横风等因素的影响。该计划于 2010 年 10 月正式对外公布，在现有狙击步枪的基础上采用了先进瞄具、12.7 mm 指令制导子弹以及创新型制导和控制软件等。

DARPA 与泰利达因（Teledyne）科学与成像公司在 2010 年 9 月签订该项合同之前完成了概念验证阶段的工作。EXACTO 计划的第二阶段合同截至 2012 年 9 月，主要包括详细设计加工制造和样机的实弹测试。2012—2013 年的工作计划是完成制导和控制软件的开发和调试并集成到计算机和瞄具上，以及交付首套完整的验证系统用于实弹测试直到战场试验。

3）美国 ALASA 计划

美国陆军完成了轻武器先进致命武器技术研究计划（Advanced Lethal Armaments for Small Arms，ALASA）。主要目标是验证能够缩小轻武器技术差距的组件技术的技术成熟度（TRL4 级）。在 ALASA 计划中，佐治亚技术研究所开展了 40 mm 榴弹弹道修正技术研究，旨在通过解决因发射初速差异引起的弹道偏差问题，从而提高射击精度。这项研究的基础是 DARPA 之前开展的步兵作战自修正弹药（Self – Correcting Projectile for Infantry Operation，SCORPION）项目，该项目验证了采用压电驱动器产生的舵机力能够控制弹丸飞行姿态，从而修正因发射初速差异引起的弹道偏差。

2. 炸点控制弹药

目前以 ATK 公司、通用动力武器与战术系统公司、Nexter 公司和莱茵金属公司为代表的武器厂商已经开始研发可编程空炸弹药，大部分用于高速榴弹发射器。由于较大口径弹药很难满足步兵武器的要求，因此需要发展适应步兵武器使用的中小口径弹药，提高对目标的破片杀伤率。

1）25X40B 高爆空炸弹药（HEAB）

ATK 公司继续改进 XM25 单兵半自动空炸武器系统（SASS）。该系统可有效打击墙体或遮蔽物后方的人员目标，发射低速 25 mm 空爆榴弹与 40 mm 单发榴弹发射器相比射程更远，有效射程最远可达 600 m。

XM25 的一体化目标获取与火控系统通过对弹药进行编程控制，使其在目标正上方爆炸，系统根据目标距离、环境因素和人工设置生成一个可调整瞄准点供士兵进行瞄准射击。目标获取与火控系统包括具有热成像功能的瞄具、激光测距仪、数字罗盘、引信装定装具、弹道计算机、激光指示器和照准器。

2）25X59 毫米反器材步枪（AMR）弹药

巴雷特公司研发的 XM109 反器材步枪是迄今为止最大口径的步枪采用 25 mm×59 mm 弹药。5 发弹匣供弹具有较好的射击精度，用于破门、破墙、反轻型装甲，摧毁简易爆炸物（IED）和人员杀伤。该枪基于巴雷特 M107 型 12.7 mm 狙击步枪研制，采用模块化设计，通过更换枪机/枪管组件以及供弹具可以快速转换为 M107。巴雷特公司正在与 GD‑OTS 公司合作基于 LW25 系列弹药研发 XM109 和 XM1049 高爆双用途弹药及训练弹。

该弹药主要特点包括：一是引信位于两个预制破片战斗部之间，二是引信采用了源于 ATK 30 mm PABM‑T（可编程空爆弹）的感应编程技术。作用模式为空炸、触发和延期触发。在每种模式下弹药的有效射程均可达 2 000 m，触发模式下的灵敏度为弹药碰撞约 1.6 mm 厚的铝板时即可引爆。

LW25 系列弹药最初是为 ATK 公司的轻型 25 mm "巨蝮" 链式炮而研发，与威力更大的 M792 和 M7R9 弹药相比，杀伤力在 70%~85%。主要弹种包括训练弹、高爆燃烧弹、高爆双用途弹、PABM 弹、非致命弹和训练标识弹等。

3）美国陆军 SAGM 40 mm 榴弹

40 mm 智能轻武器榴弹项目始于 2012 年，2015 年年底前结束。SAGM 智能榴弹项目的目标是在保持榴弹发射器各项性能不变的基础上，增强 40 mm 榴弹的反遮蔽能力。SAGM 智能榴弹完全自主，测定空爆时间无须用户进行输入，也不需要对发射器进行改装或加装附件。SAGM 智能榴弹在引信上安装有传感器，能够识别墙壁或障碍物。使用时，士兵无须在发射前对榴弹编程，只需要准确瞄准和发射即可。SAGM 智能榴弹不用测距机便可在飞行中探测到墙壁，越过墙壁后将会自行在目标上方引爆。这种新研制的 40 mm 智能榴弹可由美国现役 M203 榴弹发射器或 M320 枪挂榴弹发射器发射，能够有效打击藏匿在障碍物后的目标，其杀伤力超过现役 40 mm 榴弹的 2 倍，同时士兵无须携带任何附件，从而可以大大减轻士兵负重。SAGM 40 mm 榴弹具有 3 种发射模式：第一种是对付藏匿在障碍物后敌人的空爆模式；第二种是击中目标后起爆（或称触发起爆）模式；第三种是自毁模式，能够减小附带毁伤，并避免在战场上遗留未爆弹药。

美国陆军研制的 SAGM 40 mm 榴弹的尺寸、质量和射程均与制式 M433 榴弹相当。美军正着重改善弹丸的气动力特性，从而进一步增大射程。美国陆军尚未透露 SAGM 智能榴弹的射击精度和部署至战场的具体时间进度。目前，该榴弹已完成工程试验，工程人员在第三阶段优化了传感器和空爆功能，并对其他部件设计进行了改动。2013—2015 年，美国陆军对 SAGM 智能榴弹进行了一系列试验，空爆成功率和可靠性逐步提高。在 2013 年 11 月的试验期间，

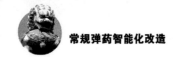

SAGM 智能榴弹的空爆成功率不到 30%，2014 年为 56%，2015 年 1 月达到 76%。另外，其可靠性在 2013 年不到 30%，2014 年 8 月则达到 88%。SAGM 智能榴弹的研发工程团队大约有 10 人。美国陆军 2015 年 7—8 月继续进行试验，目的是对 SAGM 智能榴弹和制式 M433 榴弹打击隐藏在混凝土墙、砖墙和土坡后目标的性能进行对比，重点测试引信、战斗部、毁伤等方面的性能，另外还将收集士兵使用后的反馈意见；2015 年 9 月 30 日由弹药系统项目经理验收，2015 年年底研发工作结束。

4）欧洲国家智能化弹药概述

德国莱茵金属公司采用了具有专利技术的推进部件，保证了 40 mm 高速弹药膛口初速的稳定，使武器达到较高的射击精度。该新型发射技术已经通过验证，在稳定的初速下使用标准的 40 mm 自动榴弹发射器发射该公司研制的高爆双用途弹，均能达到 2 200 m 的最大射程。其中，40 mm×53 mm 高爆双用途弹能够穿透 80 mm 轧制均质装甲钢板。火控系统的激光测距机指示目标后红外编程单元即发出一束携带起爆时间信息的红外光束。一旦弹药出膛红外光束对弹药进行编程，设置起爆时间。编程完成后弹上接收装置将关闭。如果未能完成编程设置弹药将采用触发方式起爆。这种弹药适用于城市环境、开阔地域和非直瞄射击。

挪威纳莫公司是引信设计与组装的专业机构，其"可编程弹药技术"项目的研究工作始于 2002 年。"可编程弹药技术"项目下研发的新技术已在纳莫公司多个产品中应用。纳莫公司鉴定并交付了配用可编程引信的 40 mm 中口径榴弹。2014 年，纳莫公司将鉴定该弹配用的新型可编程引信，新引信可与发射器进行通信。纳莫公司的机械与电子系统设计能力较强，代表产品有 40 mm 低速榴弹配用的 D652 式机械式弹底引信和"丘比特"弹底引信，其中，"丘比特"弹底引信应用了纳莫 MTH 公司研发的"电源辅助触发技术"；40 mm 高速榴弹配用的"水银"可编程电子时间引信；F930 式机械弹头引信，近期已对其安全性进行了改进；F487 式引信，基于已大量装备瑞士陆军且可靠性较高的 F477 式引信。此外，纳莫公司还可提供 M72 式轻型反坦克武器和 M72 式反蛙人水雷配用的引信。

瑞典博福斯公司研制的 40 mm GJC4P 高炮弹药，利用弹体上的 6 个气体脉冲推进器进行弹道修正。图 5 - 9 所示为瑞典"崔尼提"40 mm 弹道修正弹。该弹全称为"喷气控制弹道修正近炸引信预制破片弹"。弹的前部装有钨球预制破片，中间部分设有数个用于弹道修正的小喷孔，气源由小型燃气发生器产生；底部装有折叠式尾翼，用来降低弹丸的转速，弹体装有指令信号接收机。

发展制导炮弹弹药可从根本上解决命中精度问题。德国 MBB 公司研制了 35 mm 激光制导炮弹。美国也用中、小口径的制导炮弹，以对付反辐射导弹、

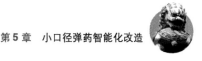
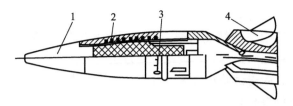

图5-9 瑞典"崔尼提"40 mm 弹道修正弹
1—引信；2—预制破片；3—小喷孔；4—尾翼

巡航导弹、直升机、无人机等空中目标。

5.2.2 国内智能化小口径弹药

我军现役步兵战车为适应未来信息化战争条件，实现能打仗打胜仗的目标，必须要增强火力性能，以适应战场环境对多元化威胁目标的精准打击和作战效能需求，发展信息化弹药是提高火力系统作战效能的措施之一。通过对弹药引信的信息化改造，一方面可弥补目前我军现役步兵战车和装甲车车载火炮射击精度低、火力控制范围小的不足；另一方面可进一步扩充我军现役步兵战车和装甲车打击目标的范围，提升对各种防御工事、低空目标及隐蔽和半隐蔽目标的火力打击能力，同时也可提升对装甲目标暴露在外面的仪器的破坏能力。

在国内，基于计转数/计时的精确定距空炸方法提出已有20多年，在21世纪初相关研究比较全面、集中，其中南京理工大学、中北大学等研究比较系统、深入。近几年该方面研究主要包括影响计转数定距因素分析和误差补偿修正、地磁传感器的抗干扰研究等；同时开始由榴弹向尾翼弹、火箭弹等弹种延伸，由小口径向中大口径弹种延伸。

|5.3 智能小口径弹药工作原理|

5.3.1 计时/计转数定距空炸弹药

1. 计时定距空炸弹药

计时定距空炸方法不限于弹种，可适用于线膛炮发射的滚转稳定榴弹，也可适用于滑膛炮发射的弹丸，同时也可适用于迫击炮弹及火箭弹等。传统计时定距空炸引信仅装定时间，但计时工具误差较大，且不能基于弹丸初速自修正飞行时间，弹丸定距空炸精度较差。随着硬件基础的提高，21世纪初国内学者开始研究基于初速修正的计时定距空炸方法，在理论上提出了诸多基于初速修正的计时方法，射击试验也表明，基于初速修正的计时定距方法比单纯计时定距方法精度成倍提高。

1）初速测量原理

本书提到的初速修正是指弹丸发射后自测初速，根据初速计算飞行时间，其原理是：弹丸发射后，引信组件测量出弹丸滚转速度，再利用弹体转速计算出弹丸初速。

旋转稳定弹使用线膛火炮发射，火炮身管内有若干条膛线，每条膛线都呈螺旋状从药室向炮口延伸，膛线的凸起部为阳线，凹槽部分为阴线。发射时，弹带在火药气体的压力作用下被迫挤进膛线凹槽内，使弹丸在沿身管轴线前进的过程中也沿膛线旋转，形成炮口转速 $\dot{\gamma}_0$。膛线沿膛壁旋转一周前进的距离称为膛线导程 h。在弹丸刚出炮口时，弹丸初始滚转速率 $\dot{\gamma}_0$ 与初速 V_0 关系可用如下公式表示：

$$\dot{\gamma}_0 = V_0/h \tag{5-1}$$

弹丸出炮口时初始滚转一圈时间 τ_0 与 $\dot{\gamma}_0$ 的关系为

$$\tau_0 = 1/\dot{\gamma}_0 \tag{5-2}$$

由式（5-1）和式（5-2）得

$$\tau_0 = h/V_0 \tag{5-3}$$

即在弹丸刚出炮口阶段，V_0 与 τ_0 是一一对应的，且两者成反比关系。

在实际应用中可利用 τ_0 与 V_0 的关系进行弹丸测速，进而计算预定射距上的飞行时间，而 τ_0 的获取将在本章后面讲解。

2）计时计算方法

（1）反比例修正法。

有学者指出，当射距一定时，弹丸飞行时间 t 与 V_0 成反比关系，则 t 与 τ_0 呈线性关系，设

$$t = N\tau_0 \tag{5-4}$$

式中，N 为直线斜率。则在实际应用中，根据 V_0 及射距可通过弹道模型计算弹丸飞行时间 t，再由式（5-4）计算出 N。将 N 装定给定距空炸弹丸引信，弹丸发射后其实际滚转一圈时间为 τ_{01}，则弹丸定距空炸时间为

$$t_1 = N\tau_{01} \tag{5-5}$$

τ_{01} 中包含了弹丸速度信息，式（5-5）是常用基于弹丸初速修正的计时定距空炸理论方法。

（2）平均速度修正法。

平均速度修正法是根据弹丸的射程随时间几乎呈线性变化，近似认为弹丸的平均速度与时间的乘积等于射程。根据射程相等原则，利用弹丸的飞行时间与平均速度的倒数成正比进行修正，修正公式为

$$t = \frac{x}{\dfrac{x}{t_0} + v' - v_0} \qquad (5-6)$$

式中，x 为预定射距；t_0 为利用弹道模型计算出的弹丸飞行到预定射距上的理论飞行时间；v_0 为火炮自身最新状态下的平均初速，上述三个值均需在射击前通过装定器装定给弹丸引信；v' 为弹丸引信测得的初速。

（3）一次函数修正法。

一次函数修正法是根据弹丸的飞行时间改变量与弹丸的速度改变量呈线性关系，即在理论飞行时间的基础上加上时间修正项，修正公式为

$$t = t_0 + k(v_0 - v') \qquad (5-7)$$

2. 计转数定距空炸弹药

计转数定距空炸原理及实现方法相对于基于初速修正的计时定距空炸方法简单，该方法多适用于线膛火炮发射的滚转榴弹，通过在全弹道建立弹丸总滚转圈数与飞行距离的关系，即可根据射击距离装定对应弹丸滚转圈数，弹丸发射后计算弹丸滚转圈数，当达到装定值时引爆弹丸，起到定距空炸的目的。

计转数引信是一种以微电子技术为基础、以弹丸的自转周期为计数脉冲，并对影响因素进行修正，达到较高炸点精度的机电引信。而计转数引信的关键技术是一个小型化、抗高过载的计转数技术和电源快速供电技术。目前实现计转数的理论方法有多种，常见的有章动法、地磁法、离心法等。

1）章动计转数法

根据旋转弹外弹道理论可知：

进动角方程为

$$\nu = \nu_0 + \alpha t \qquad (5-8)$$

章动角方程为

$$\delta = \delta_m \sin(\alpha \sqrt{\alpha} t) \qquad (5-9)$$

式中，δ_m 为最大章动角，$\delta_m = \dot{\delta}_0 / (\alpha \sqrt{\sigma})$；$\dot{\delta}_0$ 为起始章动角角速度；σ 为稳定参数（$0 < \sigma < 1$）；α 为进动角速度，$\alpha = Cr_0 / (2A)$；C 为赤道转动惯量；A 为极转动惯量；r_0 为自转角速度。

自转角：

$$r = r_0 + (r_0 - \alpha)t \tag{5-10}$$

弹丸瞬时角速度：

$$\boldsymbol{\omega} = p\boldsymbol{i}' + q\boldsymbol{j}' + r\boldsymbol{k}' \tag{5-11}$$

式中，$\boldsymbol{i}'$、$\boldsymbol{j}'$、$\boldsymbol{k}'$ 为弹丸惯性主轴坐标系（弹体坐标系）单位坐标；p、q、r 为 $\boldsymbol{\omega}$ 在弹丸惯性主轴坐标系的分量，$\omega^2 = p^2 + q^2 + r^2$，且

$$\begin{cases} p = -\dot{\nu}\sin\delta\sin\nu + \dot{\delta}\cos\nu \\ q = -\nu\sin\delta\cos\nu + \dot{\delta}\sin r \\ r = \dot{r} + \dot{\nu}\cos\delta \end{cases} \tag{5-12}$$

弹丸瞬时角加速度：

$$\boldsymbol{\varepsilon} = \frac{\mathrm{d}p}{\mathrm{d}t}\boldsymbol{i}' + \frac{\mathrm{d}q}{\mathrm{d}t}\boldsymbol{j}' + \frac{\mathrm{d}r}{\mathrm{d}t}\boldsymbol{k}' \tag{5-13}$$

写成分量形式为

$$\begin{cases} \varepsilon_{x'} = \dfrac{\mathrm{d}p}{\mathrm{d}t} = -\ddot{\nu}\sin\delta\sin r + \ddot{\delta}\cos r - \dot{\nu}\dot{\delta}\cos\delta\sin r - \dot{\nu}\dot{r}\sin\delta\cos r - \dot{\delta}\dot{r}\sin r \\[2mm] \varepsilon_{y'} = \dfrac{\mathrm{d}q}{\mathrm{d}t} = \ddot{\nu}\sin\delta\cos r + \ddot{\delta}\sin r + \dot{\nu}\dot{\delta}\cos\delta\cos r + \dot{\nu}\dot{r}\sin\delta\sin r - \dot{\delta}\dot{r}\cos r \\[2mm] \varepsilon_{z'} = \dfrac{\mathrm{d}r}{\mathrm{d}t} = 0 \end{cases}$$

$$\tag{5-14}$$

式中，$\varepsilon_x{}'$、$\varepsilon_y{}'$、$\varepsilon_z{}'$ 为 $\boldsymbol{\varepsilon}$ 在弹丸惯性主轴坐标系的分量。

绕心运动质点的加速度对弹丸上的固定质点 (x', y', z')，忽略质心运动的绝对加速度时，绕心运动的加速度为

$$\boldsymbol{a} = a_{x'}\boldsymbol{i}' + a_{y'}\boldsymbol{j}' + a_{z'}\boldsymbol{k}' \tag{5-15}$$

写成分量形式为

$$\begin{cases} a_{x'} = \varepsilon_{y'}z' - \varepsilon_{z'}y' + p(px' + qy' + rz') - \bar{\omega}^2 x' \\ a_{y'} = \varepsilon_{z'}x' - \varepsilon_{x'}z' + q(px' + qy' + rz') - \bar{\omega}^2 y' \\ a_{z'} = \varepsilon_{x'}y' - \varepsilon_{y'}x' + r(px' + qy' + rz') - \bar{\omega}^2 z' \end{cases} \tag{5-16}$$

式中，$a_{x'}$、$a_{y'}$、$a_{z'}$ 为 $\boldsymbol{a}$ 在弹丸惯性主轴坐标系的分量。

由于章动和进动的存在，引信转轴的瞬时轴线与弹丸惯性主轴呈一夹角。同时，自转角速度大于章动和进动角速度，所以弹丸上一点的偏心距也随着自转而变化，绕心加速度信号的周期与自转相关，即与导程相关，而与初速基本无关。因此，它可以提供准确的距离信息，利用转数与距离的关系实现定距起爆。

弹丸绕心运动满足的方程：

$$
\begin{cases}
\dot{r} + \dot{\nu}\cos\delta = \dot{r}_0 \\
\dot{\nu} = \dfrac{2\alpha}{1 + \cos\delta} - \nu\sin\delta\cos\nu + \dot{\delta}\sin r \\
\ddot{\delta} + \alpha^2\sigma\sin\delta = 0
\end{cases}
\tag{5 - 17}
$$

根据绕心运动理论，切向加速度信号可作为计算导程数的脉冲信号，检测其交流分量的峰值还可测得最大章动角，检测信号周期可测得弹丸炮口速度，进一步修正，可提高炸点精度。因此，计转数引信利用绕心运动加速度信号实现定距起爆的方案具有理论可行性。但目前未见有该理论应用于实际。

2）地磁计转数法

当闭合线圈平面法线与地磁线成一角度 φ，并以 ω 绕平面轴线旋转时，在线圈内将产生感应电动势 ε

$$
\varepsilon = - n\frac{\mathrm{d}\Phi}{\mathrm{d}t}
\tag{5 - 18}
$$

设地磁场强度为 B，线圈匝数为 n，线圈平面为 S，则

$$
\varepsilon = - n\frac{\mathrm{d}\boldsymbol{B} \cdot \boldsymbol{S}}{\mathrm{d}t} = - nBS\frac{\mathrm{d}\cos\varphi}{\mathrm{d}t} = - nBS\sin\varphi\frac{\mathrm{d}\varphi}{\mathrm{d}t} = - nBS\omega\sin\varphi
\tag{5 - 19}
$$

从式（5 - 19）可看出，弹丸转动一圈正好对应地磁线圈感应电动势的正弦波的一个周期。

3）离心计转数法

采用半导体压电应变阀敏感应力测出离心力，通过离心力求出旋转角速度 ω，再由 ω 得出转数 n，其数学模型如下：

当引弹系统旋转时，其敏感体所受的离心力为

$$
F_c = mR\omega^2
\tag{5 - 20}
$$

式中，m 为敏感体质量；R 为敏感体到旋转轴心的距离；ω 为引弹系统旋转角速度。

由于 $\omega = 2\pi f$，所以

$$
f = n/t
\tag{5 - 21}
$$

式中，f 为引弹系统旋转频率；n 为引弹系统转动圈数；t 为弹丸飞行时间。则

$$
F_c = mR(2\pi f)^2 = mR(2\pi)^2\frac{n^2}{t^2}
\tag{5 - 22}
$$

即

$$
n = \frac{t}{2\pi}\sqrt{\frac{F_c}{mR}}
\tag{5 - 23}
$$

经采样计时和测量应变，有

$$F_c = k\varepsilon \qquad\qquad (5-24)$$

$$n = \frac{1}{2\pi}\sqrt{\frac{k}{mR}\varepsilon} \qquad\qquad (5-25)$$

由式（5-25）可求出弹丸滚转圈数 n。

5.3.2 其他智能化小口径弹药

除可编程计时/计转数定距空炸小口径弹药已经应用于实际型号项目，其他智能化小口径弹药多停留在理论探索或仿真计算阶段，这里做简要介绍。

1. 半主动式激光近炸引信工作原理

如图 5-10 所示，半主动式激光近炸引信工作原理和过程为：地面激光器通过发射光学系统以一定方向和发散角向目标发射激光束；激光束遇到目标后发生散射，部分散射激光被引信接收光学系统接收；接收光学系统使目标回波信号聚焦于光电探测器；光电探测器将接收到的光信号转换为电信号，再把它送入信号处理电路进行信号识别，判定最佳起爆点并输出起爆信号，由执行电路引发引信爆炸序列并最终引爆弹丸。

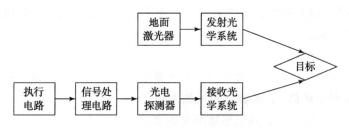

图 5-10 半主动式激光近炸引信原理框图

对于小口径榴弹，由于引信内部空间有限，不能将激光发射器集成在引信内，故只能采用地面激光辅助照射的半主动式激光近炸方法。该方案优点是弹丸近炸精度高，不易受外界干扰；其缺点是需要激光辅助照射目标，容易暴露地面人员武器装备，对我方构成威胁，故该方案近年来发展缓慢，未见有具体型号研制。

2. 小口径榴弹一维弹道修正引信工作原理

小口径榴弹的一维弹道修正技术与本书第 2 章提到的一维弹道修正技术方法原理一致，不再赘述，只是对于小口径榴弹需重点攻克阻力片展开机构小型化、卫星定位组件小型化等难题。目前仅见中北大学等少数单位对该技术开展仿真研究，未见有实际项目支撑。

3. 基于静电探测的引信测距工作原理

利用 MEMS 加速度传感器与静电探测技术相融合的方式，对静电测距理论进行推导，如下所述。

由静电理论知，探测器处的电位、电场强度满足如下关系式：

$$V = \frac{Q}{4\pi\varepsilon R} \tag{5-26}$$

$$E = \frac{Q}{4\pi\varepsilon R^2} \tag{5-27}$$

式中，ε 表示空气的介电常数；E 为空中目标荷电量在探测器处的电场强度；R 为空中目标与探测器的距离；V 为探测器处的电位；Q 为空中目标上的总的荷电量。

可以看出，静电探测器处的电位和电场强度除了受探测器到带电体的距离 R 影响之外，还受到环境介质、带电体电量等多种因素的影响。空中目标在不同环境中飞行，带电量差别很大，但是大气等环境因素在空间上往往表现出缓慢变化的特点，在弹丸攻击目标很短的时间内，外界环境的变化可以忽略；同时在弹丸与目标交会的过程中，空中目标的速度和外形结构等因素也基本保持不变，因此在交会过程中，可以认为空中目标所带电量为一常量，空间介质的介电常数也为一常量。于是，影响式（5-26）和式（5-27）结果的因素就只有弹丸与空中目标间的距离因素。

根据以上分析，在弹丸与空中目标交会过程中，具体测距原理如图 5-11 所示，探测步骤及计算推导过程为：

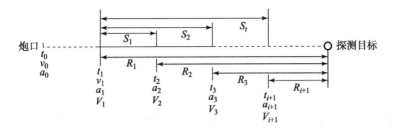

图 5-11　测距实施原理图

（1）利用 MEMS 加速度传感器测量探测器的加速度 a 和速度 v。当微加速度传感器开始测量探测器加速度时，微处理器时钟开始计时，并记录此时探测器的加速度 a_0，其中弹丸出炮口初速 v_0 已知。此后微加速度传感器连续测量探测器加速度和飞行时间。根据探测器飞行时间 t_n 和该时刻的加速度 a_n ，利用式（5-28）可以计算出任意时刻探测器的速度 v_n 。

$$v_n = v_0 + \frac{a_0 + a_n}{2} t_n \qquad (5-28)$$

（2）计算探测器飞行距离 S 。设某一时刻 t_1 ，探测器加速度为 a_1 ，飞行速度为 v_1 ，飞行时间 Δt 后，在时刻 t_2 时测得探测器加速度为 a_2 ，由牛顿定律可知探测器飞行的距离 S_1 为

$$S_1 = v_1 \Delta t + \frac{1}{2} \frac{a_1 + a_2}{2} \Delta t^2 \qquad (5-29)$$

式中， $\Delta t = t_2 - t_1$ 。

（3）计算探测目标所带电荷量与介电常数比值的均值 $E(Q/\varepsilon)$ 。设在 t_1 时刻，探测器与目标距离为 R_1 ，静电探测系统测得极板 AB 间电位差为 V_1 ，在 t_2 时刻，探测器与目标的距离为 R_2 ，静电探测系统测得极板 AB 间电位差为 V_2 ，则得

$$R_1 = \frac{Q}{4\pi\varepsilon V_1} , \quad R_2 = \frac{Q}{4\pi\varepsilon V_2} \qquad (5-30)$$

因 $S_1 = R_1 - R_2$ ，故目标所带总的电荷量为

$$\frac{Q}{\varepsilon} = \frac{4\pi S_1 V_2 V_1}{V_2 - V_1} \qquad (5-31)$$

选取 n 个时间段，可得 n 个 Q/ε 值，取均值后得 $E(Q/\varepsilon)$ ，则

$$E\left(\frac{Q}{\varepsilon}\right) = \frac{1}{n} \sum_{i=1}^{n} \frac{4\pi S_i V_{i+1} V_1}{V_{i+1} - V_1} \qquad (5-32)$$

（4）计算探测器与目标的实际距离 R 。将式（5-32）代入式（5-26），只要测得在任意 t 时刻极板 AB 间的电位差 V_t ，即可求出探测器与口标的实际距离 R_t ，则

$$R_t = \frac{1}{n V_t} \sum_{i=1}^{n} \frac{S_i V_{i+1} V_1}{V_{i+1} - V_1} \qquad (5-33)$$

|5.4 计时/计转数定距空炸弹药的构造与作用|

5.4.1 弹药结构布局

定距弹系统由自修正定距引信、预控破片弹体、发射装药和装定系统等组

成，如图 5 – 12 所示。

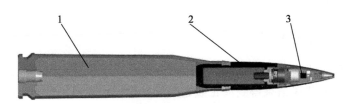

图 5 – 12　定距弹结构布局

1—发射装药；2—预控破片弹体；3—自修正定距引信

自修正定距引信主要由电子头部件、安保机构、传爆序列和引信体等组成，如图 5 – 13 所示。

图 5 – 13　自修正定距引信内部结构布局

电子头部件由信息接收部件、地磁敏感器、信息处理与控制电路、电源和风帽等组成。

（1）信息接收部件。

信息接收部件由天线和线圈骨架构成，其主要功能是感应接收装定装置发送的数据信息和能量。

（2）地磁敏感器。

地磁敏感器主要由磁芯、线圈、处理电路等部分组成，磁芯采用高导磁率材料，利用其在交直流磁场作用下的磁饱和特性及法拉第电磁感应原理实现地磁计转数。

（3）信息处理与控制电路。

信息处理与控制电路主要由感应接收、测速处理、自修正定距解算和发火控制等电路组成。感应接收电路接收和处理装定装置发送的定距数据；测速处理电路利用地磁敏感器在炮口附近探测弹丸转数进行初速测量；自修正定距解算电路根据弹丸初速和装定参数进行定距数据修正；发火控制电路依据所修正的数据适时控制弹丸起爆。

（4）电源。

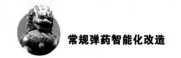

电源为引信接收数据和电路工作提供能源，采用化学/物理复合电源，通过小型化满足引信集成要求。

5.4.2 弹载测速系统

引信弹载测速的自修正技术，采用弹丸计转数技术来实时弹载测速，在弹上根据计转数的测速结果得到修正装定时间数据，自动修正预装定时间，从而实现弹丸的精确定时起爆。弹载测速自修正系统如图 5-14 所示。

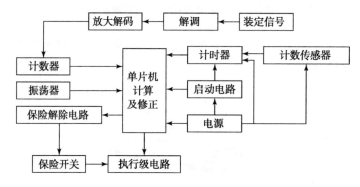

图 5-14　弹载测速自修正系统

为了保证自动连续射击，火控系统根据不断变化的炮目距离和标准初速 V_0 计算理论装定时间 t_0，并将 t_0 编码、调制，通过电磁感应装定给每发弹丸引信中的计数器。对于采用弹载测速技术的引信，这种装定就不需要在炮口极短的时间内完成，可在输弹进膛过程中完成装定。从时间上来比较，采用输弹装定的时间要比炮口装定长 100 倍以上，即采用输弹装定将会有足够的装定时间，同时也可以避开复杂的炮口电离场、等离子场和冲击波的干扰，因此，能保证装定的高可靠性。为了保证弹目距离的实时性，也可在炮口感应装定，此感应装定技术是成熟的，一般在 $N \leqslant 1$ 圈时即可装定完毕。

发射弹丸后，引信电源开始上电，同时振荡器开始起振。由于标准初速 V_0 实际上是假设没有后效期，弹丸出炮口后在空气中做减速飞行的情况下弹丸在炮口的速度，所以标准初速 V_0 是一个假想的速度。实际情况下，当弹丸出炮口后，在后效期之内弹丸的速度将会略有增加，增加 0.5% ~ 2%，后效期长度一般可以认为是 20 ~ 40 倍口径。因此，为了避开后效期的影响，测速的起点应该选择在弹丸飞过后效期之后。当弹丸出炮口后转过 N_a 圈时，一般小口径弹 $N_a = 2$，此时弹丸已经飞过后效期，立即启动引信中的计时器开始计时；当转到预定圈数 N_b 圈（即最佳测速终止圈数）时，小口径弹一般 $N_b = 10$，计时器停止计时，并把计得的时间传给单片机。出于节约能耗考虑，此时可停止计转数传感器的工作。当单片机接收到该时间信号，便根据计算程序迅速开始计算，得到弹丸出炮口实际初速，再根据弹丸炮口的理论初速和预先装定的理论作用时间 t_0，得出修正后的实际作用时间 t_s 来修正理论装定时间。直至计数器减为 0 时，单片机给发火起爆电路输出一个起爆信号，引信即可以在最佳炸点处起爆，从而达到最大的毁伤概率。

若弹丸发射出现盲区，则引信中的计转数传感器就检测不到弹丸出炮口后的转数信号，此时引信不停止以理论作用时间的计时，即当计数器减至为 0 时，单片机发出起爆信号，实现冗余起爆。

5.4.3　基于地磁计转数系统

1. 地磁计转数实现方法

由于小口径引信的空间非常有限，传感器线圈的面积和匝数都不可能做得很大，而且地磁场本身是弱磁场，对感应电动势有贡献的分量还受射击角度的影响，因此计转数传感器的输出信号非常微弱，一般只有数百微伏。为了从此信号中提取弹丸的旋转信息，必须首先对其进行放大。

由于地磁计转数测量的有效信息是感应信号的频率或周期，而非幅值，所以在实际应用中，可以通过信号调理电路尽可能大地放大信号。这样，在信号强的情况下，由于采用的是无源测量，信号受探测电路抑制自动限幅，不会影响引信的安全性和可靠性，在信号弱的情况下，只要信噪比达到足以识别的程度，同样不会影响计转数技术的实现。

地磁计转数的实现过程如图 5-15 所示：传感器的输出信号经高增益放大电路放大后，得到与弹丸旋转频率相同的正弦信号，该信号经过比较电路整形后作为计数器的驱动信号，驱动计数器工作。当计数值与预先装定的转数相同时，计数器给出起爆信号，从而实现计转数起爆控制。

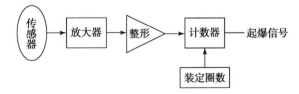

图 5-15　地磁计转数实现过程

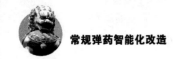

2. 计转数电路系统设计

计转数信号调理电路的主要功能是将传感线圈中的微弱信号进行放大，同时对高频噪声进行抑制。模拟试验证明，传感线圈中的感生电动势约为 40 mV，因此设计电路的放大倍数为 30 倍。为电路板节省空间，电路中没有设计专用的滤波电路，而是采用了由运算放大器构成的带增益的二阶低通滤波电路，在放大的同时进行低通滤波。由于测速信号是双极性的，为了处理方便，在电路中叠加了一个参考电压 V_{REF}，使输入的交流信号放大后变成以 V_{REF} 为中心上下波动的正电压信号，从而可以采用较简单的单电源供电。图 5 – 16 所示为信号调理电路的原理图。

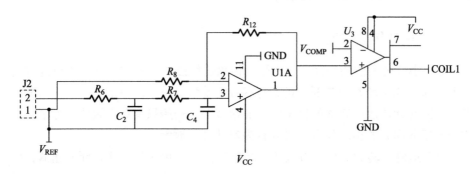

图 5 – 16　信号调理电路原理图

图 5 – 16 中滤波放大电路后面跟了一个比较器，其功能是检测脉冲信号的过零点，将脉冲信号与阈值电压 V_{COMP} 比较，比较结果是标准的数字脉冲信号，可以直接送入后续处理电路测量时间差。图 5 – 17 所示为产生 V_{REF} 和 V_{COMP} 的电压跟随电路。

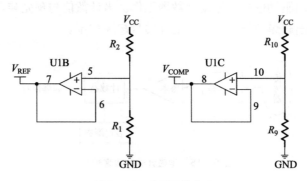

图 5 – 17　电压跟随电路

5.4.4　微处理器功能设计

1. 微处理器工作原理

采用微控制器设计的某型计转数定距引信处理器的工作原理如图 5 - 18 所示。从图 5 - 18 可看出，微控制器功能主要包括感应装定功能、转数定距功能、自毁功能。图 5 - 18 中 A 为来自信号调理电路的弹丸旋转信号，处理器利用内部的模拟电压比较器对其进行整形，变成与弹丸旋转同频率的脉冲信号，然后对此脉冲信号计数，当计数值与装定圈数相同时给出发火信号。B 表示感应装定信号，处理器对此信号进行解码和校验，校验正确后即得到装定圈数。在计转数的同时，处理器利用一个定时器记录从上电复位开始经过的时间，当此时间达到自毁时间时，给出点火信号自毁。

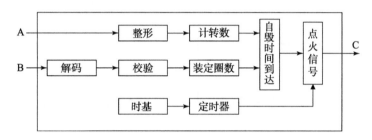

图 5 - 18　微处理器工作原理框图

2. 微处理器引信中的软件流程

微处理器在某型引信中的部分流程如图 5 - 19 所示，处理器上电复位后首先检测化学电池的工作情况：如果电池尚未激活，说明此时是感应供能上电复位，则程序将处理器内部资源配置为感应装定模式；如果化学电池已激活，说明弹丸已经发射，则程序将处理器内部资源配置为计转数定距模式。

在感应装定模式，程序对经过解调的编码信号进行解码，并对解码结果进行有效性验证，如果解码结果通过校验，则认为装定信息接收正确，将其存储在处理器内部的非易失存储器中；装定完成并存储数据后，程序控制电路进入低功耗的待机状态，并监视主电池的激活信号，一旦电池激活，程序便进入计转数定距程序。一般情况下，由于感应装定的能量非常有限，在完成装定后电量很快就会耗尽，因此程序在主电池激活前就停止运行。等到弹丸发射后主电池激活，处理器会重新上电复位，并检测到电池激活，进入计转数定距程序。

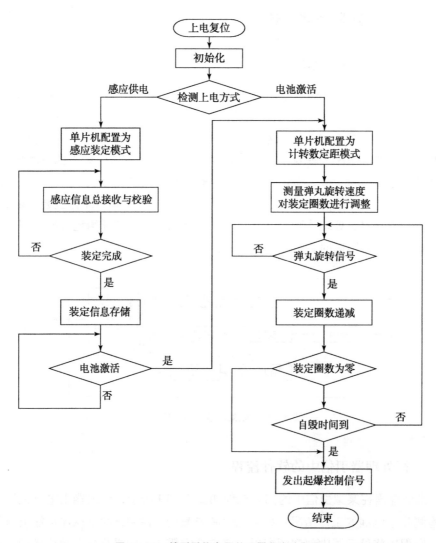

图 5 – 19 某型引信专用处理器程序流程图

在计转数定距模式，程序首先配置计转数定距功能需要的片上资源测到预定状态，然后取出装定数据并以此作为起始圈数对弹丸旋转圈数进行减计数，当装定圈数减到零时给出发火指令。另外，计转数程序还具有过滤干扰信号和自动延时计数的功能：当旋转信号受到干扰出现高频的脉冲时，程序将会对其进行过滤，而不是每个脉冲递减一圈；当传感器及信号调理电路出现故障或其他原因导致旋转信号中断或消失时，程序会按照信号消失前弹丸的旋转速度自动进行减计数，以尽量提高引信的作用可靠性和减小定距误差。此外，程序还要进行定时自毁的控制，定时自毁在定时中断服务程序中完成，该中断由单独的定时器溢出触发。

5.5　计时/计转数定距空炸弹药改造关键技术

5.5.1　初速精确测量技术

基于线膛炮弹丸出炮口时每旋转一周其前进的距离是一定的，与弹丸的飞行速度无关；后效期很短，在此期间，弹丸飞行距离一般只有 38 倍口径左右；过后效期后，弹丸飞行的规律包括弹丸的转速的变化和前进行程的数值都可较精确地计算。这样，只要有计转数传感器和精确的时基，就可在后效期后测得弹丸旋转一定转数的时间，从而得到弹丸在这段距离上的平均速度。弹载测速原理框图如图 5 – 20 所示。

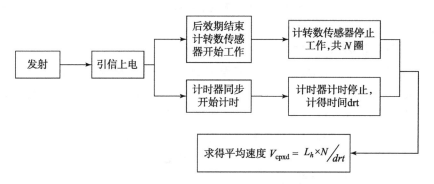

图 5 – 20　弹载测速原理框图

一般，小高炮的后效期只有 1.5 m 左右，炮口导程在 0.9 m 左右，以测弹丸旋转 10 圈估算，则测量结束时弹丸的行程不足 10 m，故该方法是在弹丸出炮口后的短距离内测量的，此时测量点距炮口近，弹丸转数很少受到弹丸阻尼力矩波动的影响，这对测量精度是很有利的。此种方法是实时弹载测速，且不需在炮口上安装任何装置，信息流也不经过发射平台。

当弹丸出炮口转过 N_a 圈后，已过后效期，此时由计转数传感器输出信号，启动引信中的计时器开始计时。当再转过 N 圈后，达到 $N_b = N_a + N$ 圈时，停止计时，得到转过 N 圈的时间 drt。转过 N 圈弹丸的行程 drs 可以由这 N 圈中弹丸飞行时间 drt 和火炮身管导程 h 近似求出，

$$drs = h \times N \qquad\qquad (5-34)$$

这种测速方法能否成立，关键在于：

（1）灵敏的计转数传感器，且所计的圈数与实际转过的圈数误差足够小。

目前，利用旋转弹丸的章动测弹丸自转速度国内已经做出，试验结果在章动角 $\geqslant 1.2°$ 时能正常检测出自转速度。利用地磁传感器检测弹丸旋转圈数也已由试验证实原理可行。如果是用地磁原理测速，则存在盲区。用目前的线圈式地磁传感器，试验得知在球形空间中，有 $\pm \alpha = 7°$ 的球扇形盲区，即在全方位射击的条件下，将有不可靠度为

$$R_b = W_2/W_1 \qquad\qquad (5-35)$$

式中，W_1 为半球体体积，$W_1 = 2\pi \times r^3/3$；W_2 为球扇形的体积，$W_2 = 2\pi \times r^2 \times h/3$；$h$ 为球扇形的拱高，$h = r \times (1 - \cos\alpha)$。

由式（5-35）可得 $R_b = 1 - \cos\alpha = 0.007\,454 = 0.745\,4\%$，可见在使用的空间角等概率的情况下，进入盲区射击的机会是很小的。为保证在盲区射击的精度，可调用近期的测速数据应用，这样可以得到适当的弥补。至于计转数精度，这要靠电路的稳定性，特别是零点电压的不漂移或少漂移来保证。

（2）计时器要有足够的精度和短时间的稳定性。

现在的振荡器已有较准确（均方差达到 $\leqslant 2\%$）的集成化产品，我们将使用 LC 或 RC 振荡器，经过感应装定时校频，这样就可以使均方差达到 0.2% 以内，在几秒的时间内可以保证有足够的精度和稳定性。

（3）用基于计转数原理的弹载测速方法测得的速度 V_{cpxd}，当适当选取起点转数 N_a 和计转数 N 时，测出的 X_d 点的平均速度 V_{cpxd} 有足够的精度，可以用它代表 X_d 点的弹丸瞬时速度 V_{xd}。

（4）要有快速而准确的方法，将 V_{xd} 转化为弹丸在炮口的初速 V_0。

5.5.2　感应装定技术

电子时间引信的装定方式主要有两种：手动装定和感应装定。手动装定方式比较简单，早期的线传输方法已经被淘汰，目前主要通过人工调整引信外部的按钮来设定时间，并利用引信上的显示屏直接观察结果，因此不需要借助外部设备，适用于射速不高的场合，如美国在研的 XM784/XM785 迫击炮弹电子时间引信。

感应装定是电子时间引信的发展方向，它通过感应线圈来实现装定，也有两种形式：手工感应装定和自动感应装定。手工感应装定在发射前进行，通常

需要专门的手持式感应装定器，如美国的 **M762A1** 引信、南非的 **MTF01** 引信等。自动感应装定则是在发射过程中进行，适用于射速较高的场合，如瑞士的 **AHEAD** 电子时间引信。由于小口径弹药主要对付近程目标，射速高、反应时间短，因此小口径电子时间引信的装定必须采用自动感应装定方式。目前，国内在炮口快速感应装定技术方面的研究已经比较成熟，可以满足小口径电子时间引信的测速和编程装定需求。

5.5.3　高精度计时技术

电子时间引信的计时精度主要取决于引信时基振荡器的稳定性。在各种原理的振荡器电路中，晶体振荡器的精度最高，频率一致性也很好，因此美国中大口径弹药的电子时间引信几乎全部采用晶体振荡器。但是晶体振荡器也存在明显的缺陷，就是耐冲击性能较差，尤其是对于小口径引信来说，膛内过载非常大，晶体易发生破碎，导致引信无法工作。为了提高耐冲击性能，通常采用 *LC*、*RC* 等电路的振荡器，但必须解决频率稳定性和一致性问题。对于发射前装定的电子时间引信，可以利用装定器逐发测定引信振荡频率、采用比频修正的方法来提高计时精度，这一技术得到了广泛应用。但对于炮口快速装定来说，由于响应时间非常短，无法采用这一技术，需要寻求其他的解决途径。

在小口径电子时间引信设计中，通过采用振荡器时基修正技术和电路数字化集成技术，能够有效提高振荡器的频率稳定性，同时实现电路的小型化和低功耗，从而满足小口径电子时间引信高精度计时的要求。

5.5.4　抗干扰技术

分析小口径引信电磁兼容性问题，可以从电磁兼容三要素入手，即电磁干扰源、耦合途径及敏感设备。从引信的工作环境来看，消除干扰源几乎是不可能的，而若采用相应的硬件设计屏蔽方法可以有效限制干扰源电磁场传播，包括合理设计硬件电路等具体措施；另外，采用软件设计也可以在一定程度上抑制引信电路对电磁干扰的敏感程度。

1. 硬件设计

电磁抗干扰硬件设计措施包括屏蔽、滤波、接地、搭接、布线等。

1）屏蔽

屏蔽是抑制以场的形式造成干扰的有效方法。所谓电磁屏蔽就是采用某种材料制成屏蔽壳体将保护区域屏蔽起来，形成电磁隔离区，限制设备内部的电磁场不能越出这一区域，而外来的电磁辐射不能进入这一区域。

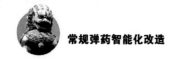

2）滤波

滤波技术是用来抑制电气、电子设备传导电磁干扰，提高电气、电子设备传导抗干扰水平的主要手段。其原理与普通滤波器一样，允许有用信号的频率分量通过，同时又阻止其他干扰频率分量通过。在小口径引信设计中，滤波技术主要是针对引信电路本身的电磁干扰。

3）接地

所谓接地，一般是指为了使电气、设备与地之间建立低阻抗通道，而将电气、设备连接到一个作为参考点的良导体的技术行为。但是在实际运用中，两个不同接地点之间总有一定的阻抗，在其上产生地电压，从而产生接地干扰。恰当的接地方式可以为干扰信号提供低公共电阻，抑制干扰信号对其他电子设备的干扰。接地技术是电磁兼容技术中的一项重要技术。

4）搭接

搭接是指两个金属物体之间通过机械、化学和物理的方法实现结构连接，以建立一条稳定的低阻抗电气通路的工艺过程，目的是避免互相连接的两个金属件之间形成电位差，阻止由于电位差引起的电磁干扰。在引信电路设计上，搭接主要包括电路板之间的连接、电子元器件与 PCB 板的连接等。良好搭接是减小电磁干扰，实现引信电磁兼容性设计所必需的。

5）布线

布线是印制电路板（PCB）电磁兼容设计的关键技术。选择合理的导线宽度，采取正确的布线策略，如加粗底线、将地线设计成闭合环路、减少导线不连续性、采用多层 PCB 等。

2. 软件设计

小口径引信处理系统一般为单片机系统，在电磁干扰情况下，单片机系统预定功能能够正常运行成为人们关注的焦点。电磁干扰对引信单片机程序的危害主要表现为数据采集不可靠、控制失灵、程序运行紊乱等，为了满足引信对信息采集以及动作执行的可靠性要求，除了结合引信硬件电路设计外，引信单片机也可以通过软件抗干扰设计，抑制干扰信号对引信系统的不良影响。

1）软件滤波

对于实时数据采集系统，为了消除传感器通道中的干扰信号，可以在硬件措施上采取有源或无源 RLC 网络构成模拟滤波器。对于智能处理系统，亦可以通过软件来实现数字滤波功能，其方法在数字信号处理的书籍中有详细介绍，几种常用的方法有算术平均法、比较取舍法、中值法、一阶递推数字滤波法等。在小口径引信的设计过程中，可以根据实际情况加以选取。

2）软件冗余控制

引信对于开关量的输入或者输出，为了确保信息准确无误，在不影响实时性的前提下，可以采取多次读入或者输出回读的方法，认为准确无误后再执行相关动作。另外，在软件系统中，往往由于过于频繁的操作，以及在外界较强的干扰下会引起状态控制字的错误改变。在这些情况下，应该在软件的编写过程中，注意在执行动作前，重新输入正确的状态控制字，实现冗余控制。

3）软件陷阱

所谓软件陷阱，是指一些可以使混乱的程序恢复正常运行或者使得跑飞的程序恢复到初始状态的一系列指令，主要有空指令（NOP）和跳转指令（LJMP）两种。在单片机应用系统引入强干扰之后，程序计数器 PC 的值可能被改变，可能被指向操作数，而将操作数当作指令执行，也可能 PC 值超出应用程序区，将未使用的程序区地址中随机数当作指令码执行。通常在程序的关键位置放置连续几个 NOP 指令、LJMP 指令，或者两者的组合，将混乱或者跑飞的程序重新指向正确的位置，如未使用的中断向量区、未使用的编程区、程序的转折区等。

4）软件看门狗

某些软件中可能有临时构成的死循环，一旦程序飞入其中，且没有操作者强制系统复位，系统将完全瘫痪。此时，可以通过软件设置看门狗将系统从死循环中解救出来。

5.5.5　电源技术

现代引信系统对电源的依赖和要求越来越高，除了必须提供足够能源的基本要求外，还要求体积小、强度高和可靠性高。在电源种类的选择上，国外已经放弃了传统的铅酸系列化学电源，而改用各种物理电源和微小型、高能量密度的储备式化学电源，例如，美国新研制的电子引信几乎全部采用了储备式锂热电池技术，电源外形尺寸小到 $\phi 6.5 \text{ mm} \times 7 \text{ mm}$，提供 $3 \sim 4.1 \text{ V}$ 电压，储存时间 20 年。

对于榴弹、迫击炮弹、火箭弹等中大口径弹药的电子时间引信，装定过程通常是在发射前进行，由感应装定的载波提供能量，并储存在电容器中，用于锁存装定数据，发射后再由引信电源供电。这种工作方式虽然对引信电源的激活时间也有要求，但还不是十分严格，只要在出炮口前完成即可。而对于小口径电子时间引信来说，装定过程是在出炮口瞬间进行的，因此要求引信电源在此前必须激活，并快速稳定地供电，现有化学电源的性能难以满足这种要求。

小口径弹药射程近，弹道飞行时间短，在电路系统低功耗问题得到解决的前提下，采用磁后坐发电机，既可以实现在膛内的快速激活，又可以保证全弹道的工作能量，是解决小口径电子时间引信能源技术的可行措施。

5.6 智能小口径弹药发展趋势

1. 精确化

未来弹药向精确化方向发展是一个必然趋势。在大纵深、立体化、数字化的现代战争中，精确打击可起到成倍效费比的作用。对于小口径榴弹，炸点精确控制技术、弹道修正技术是未来发展主流。美国已经发展出 20 mm、25 mm、30 mm、40 mm 等系列可编程炸点精确控制弹药，其能在有效杀伤距离内形成密集的弹片飞散圆锥体，从空中向下覆盖目标，大大增强了对有生力量和火器的杀伤效果，特别是对遮蔽物后面的有生力量和火器打击效果更好。德国 MBB 公司研制了 35 mm 激光制导炮弹。美国也在开发小口径的制导炮弹，以对付反辐射导弹、巡航导弹、直升机、无人机等空中目标。

2. 高效能

为了适应现代战争的需要，弹药不断向小型化方向发展，而弹药的射程、精度和威力三大技术指标往往是相互制约、相互矛盾的。与此同时，战场目标的防护能力也在不断提高与增强。为了有效地打击和毁伤目标，必须大幅提高弹药的毁伤效能，研究新型高效毁伤技术。

提高弹药效能的途径有以下几个。

（1）开发新结构战斗部技术：如多级的战斗部串联技术、新型的装药技术等。

（2）采用新材料：如应用高强度、低密度的复合材料，以减小弹药的消极质量；研究新型高能的含能材料，进一步提高弹药的威力。

（3）采用子母弹技术及高效子弹技术：采用子母弹技术提高弹药的杀伤范围，采用先进的子弹药提高对目标的命中和毁伤能力。

（4）发展新型的引信技术：如抗高过载的引信、自适应的引信、多种预订模式引信等。

（5）探索新的毁伤机理，开发新原理战斗部技术：随着未来战场目标的变化，必须开发新毁伤机理的弹药，只有这样才能高效地毁伤目标，例如，电磁、激光弹药等。

3. 小型化和微型化

小型化和微型化是弹药系统发展的总趋势，随着微机电技术、纳米技术和新型材料技术的发展，各种微小型器件不断出现，为未来弹药向小型化和微型化方向发展提供了有利的空间。如法国 DGA 采购局目前正在进行一项"航空－陆地战系统"计划，可使地面车辆具有最大的自主防御能力。该项目计划在 2030 年完成含小型攻击机和机器人的一种更复杂的攻击系统。美国空军也提出了"蜂群压制者微型弹药"研究计划，希望通过大量微型子弹药来击退行进中的敌方部队。

4. 弹炮结合防空武器系统

一般来说，小口径高射炮具有机动灵活、初速快、射速高、无死角、反应时间短等优点，抗饱和攻击及抗电子干扰能力强；但同时也有单发命中概率低、弹丸威力不足、拦截空域面积小、射程较近等弱点，对 3 km 以上目标往往"鞭长莫及"。相反，防空导弹则具有射程远、威力大、命中精度高及单发杀伤概率高、覆盖空域广等优点。但是在近距离作战时，防空导弹却存在反应不够灵活、无法有效拦截超低空飞行目标，其抗饱和攻击能力差、易受干扰，其制导雷达对付低空突防有盲区，作战成本较高等弱点。弹炮结合防空武器系统就是"取长补短"：充分发挥防空导弹和高炮的各自优势，综合了导弹精确打击、射程较远的优势以及小口径高炮快速机动、持续射击和火力密集、近距离毁伤概率大的优点，在中低空、中近程编织起了一道"火力交叉网"，实现了导弹系统"精确命中"和高炮系统"火网拦截"的有机结合。

第 6 章

典型智能化改造弹药

|6.1 典型智能榴弹|

1. "神剑"系列精确制导弹药

1998 年开始研制的"神剑"是世界上第一型用身管火炮发射的精确制导弹药。"神剑"由于伊拉克战后维稳作战的急需而加速了研制,初始型 Block IA – 1 型"神剑"研制成功后装备在驻伊美军 M109A6 型 155 mm"帕拉丁"自行榴弹炮上,于 2007 年 5 月 5 日在伊拉克战场成功进行了实战使用。它还可以配用美国陆军装备的 M777A2 型 155 mm 轻型牵引榴弹炮。

Block IA – 1 型"神剑"最大射程为 24 km,战斗部重 50 lb① (约 22.7 kg),实战使用可靠性为 85%。加装惯性测量装置和底排装置的改进型 Block IA – 2 型"神剑"的最大射程增加到 40 km,可靠性提高到 98%,已于 2010 年 11 月装备部队。截至 2014 年 3 月,美国陆军和海军陆战队已经在伊拉克和阿富汗战场上发射了大约 700 枚"神剑",因其精度高而被称为 40 km 距离上的"狙击手",在实战中使野战炮兵可以向被支援部队前方 75 m 处发射炮弹。2010 年 8 月 25 日,美国陆军与雷声公司签订了一项价值 2 200 万美元的 Block IB 型"神剑"研制合同。

———————

① 磅,1 lb = 0.453 592 37 kg。

Block IB 型"神剑"的最大射程也是 40 km，已于 2012 年年底研制成功并进入小批量初始生产阶段。与 Block IA－2 型"神剑"相比，Block IB 型"神剑"的零部件数量大幅减少，且可靠性更高、价格更低。美国陆军已与雷声公司签订了个小批量初始生产合同，一个是 2012 财年的 819 枚 Block IB 型"神剑"生产合同，另一个是 2013 年 8 月签订的价值 5 400 万美元、用于生产 765 枚 Block IB 型"神剑"的 2013 财年生产合同。在 2013 年秋季进行的鉴定发射试验取得成功后，美国陆军于 2013 年 12 月对生产型 Block IB"神剑"进行了"检验品试验"（FAT），使用 M109A6 和 M777A2 榴弹炮在 7～38 km 的距离上发射了 30 枚"神剑"，以检验其性能和可靠性。在试验加入振动和高温等苛刻条件情况下，30 枚炮弹的平均精度达到 1.6 m。2014 年 1 月 30 日—2 月 7 日，美国陆军在尤马靶场对 Block IB"神剑"进行了初始作战和鉴定试验，陆军试验与评估司令部已经评定"该弹可以由士兵安全使用"，并已于 2014 年下半年进入批量生产和列装阶段。美国国防部于 2014 年 7 月向国会申请 2 870 万美元的追加预算，用于采购"神剑"炮弹，使其 2014 财年的采购预算由 7 730 万美元增加到 1.05 亿美元，采购数量从 929 枚增加到 1 332 枚，增加的 403 枚全部是 Block IB 型"神剑"炮弹。雷声公司透露，到 2015 年上半年，已有大约 770 枚"神剑"炮弹在实战中进行了作战使用，对精确测定的目标进行打击时，圆概率误差（CEP）常常小于 1 m。

德国的 PzH2000 型 155 mm 自行榴弹炮和瑞典的"弓箭手"155 mm 车载榴弹炮也能够发射"神剑"炮弹。由于这两种榴弹炮都采用 52 倍口径身管，所以 PzH2000 在发射试验中对 Block IA－2 型和 Block IB 型"神剑"各发射 10 枚，最大射程达到 48 km，其中 2 枚的精度小于 1 m；"弓箭手"在发射试验中的最大射程则达到了 50.7 km。

2. VULCANO 系列弹药

VULCANO 是意大利奥托·梅莱拉公司正在开发的一个弹药产品系列，其中，既有面向 76 mm 和 127 mm 舰炮的弹药，也有面向 155 mm 地面火炮系统的弹药，如图 6－1 所示。无论舰炮弹药还是地面火炮弹药，均有非制导型和制导型两种，前者为 BER 型（弹道增程型），后者为 GLR 型（远程制导型）。

VULCANO 155 mm 弹药可赋予 155 mm/52 倍口径和 155 mm/39 倍口径榴弹炮增大有效射程和提高打击精度的能力，同时可将攻击费用和附带损伤降低到最低限度。VULCANO 155 mm 炮弹属于次口径弹药，使用制式模块化发射药发射，发射后完全弹道飞行，不需要附加推进，弹体采用尾翼稳定；弹丸装载钝感炸药，装有获得专利的钨环；机械接口与制式 155 mm 弹药相同。VUL-

图 6 - 1　VULCANO 弹药产品

CANO 155 mm 弹药分为：BER 型非制导多用途弹药，配用多功能可编程引信
（高度、着发、延时、定时、自毁），最大射程 50 km，配用凹槽形预制破片战
斗部；GLR 型制导远程弹药，最大射程 80 km，CEP 为 1 m，采用鸭式前舵和
自主 GPS/IMU 制导（滑翔弹道阶段），可通过选配的半主动激光（SAL）寻的
头来实现末段制导（末段弹道阶段），配用凹槽形预制破片 HE 战斗部。任务
规划模块可实现与负责射击任务管理的射击指挥中心之间的数据交换。
155 mm BER 型已通过鉴定，现已投入小批量试生产；155 mm GLR 型尚未结
束研制，尚在进行鉴定试验。

3. MS - SGP 制导炮弹

英国 BAE 系统公司的制导弹药团队开发了面向 127mm 舰炮的 MS - SGP
（多兵种—标准制导炮弹）及其面向 155 mm 地面火炮的弹托型 MS - SGP，以
满足美国海军、陆军和海军陆战队对于可负担得起的远程精确战术火力支援的
需求。这种火炮发射、火箭助推的弹药适用于美国陆军和海军陆战队的 M777
榴弹炮、M109 榴弹炮以及美国海军的 Mk45 127 mm 舰炮。

MS - SGP 可在全天候条件下提供精确攻击能力（CEP < 10 m），具备高的
抗干扰能力，战斗部重 16.3 kg。MS - SGP 具备多任务能力，包括攻击地面目
标、水面目标和空中目标，能够在飞行中重新瞄准移动目标。此外，还能够选
装成像/半主动激光寻的头，以自主寻的到运动目标。飞行试验证明，MS -
SGP 的技术成熟度已达到 TRL6/7。MS - SGP 的设计充分借鉴了已通过鉴定的
155 mm LRLAP 远程对陆攻击炮弹的经验，例如 MS - SGP 即使用了 LRLAP 的
飞行软件。

6.2　典型智能迫击炮弹

随着现代战争的发展，为提高射击精度、减小附带毁伤，迫击炮弹制导化成为迫击炮弹发展的热点，许多国家都发展了制导迫击炮弹。目前的制导迫击炮弹可分为两种，一种是精确制导迫击炮弹，一般配备导引头，定位于打击点目标尤其是移动点目标；另一种是弹道修正迫击炮弹，弹道修正迫击炮弹通常不配备导引头，运用弹道修正技术减小弹丸散布、提高射击精度，定位于打击固定点目标或小幅员面目标。

6.2.1　精确制导迫击炮弹

1. XM395 式 120 mm 精确制导迫击炮弹

XM395 式 120 mm 精确制导迫击炮弹（PGMM）是 ATK 公司为美国陆军设计、研制并生产，是一种多用途、多模制导弹药，可对高价值目标进行"外科手术式"精确打击，可消灭由土木掩体、水泥墙体和轻型装甲车辆保护的人员，为机动部队营指挥员提供建制远程精确打击能力。根据美国陆军要求，PGMM 应能按照作战任务的需求，选择激光指示或自主式"打了不管"制导方式。使用激光指示制导方式时，需要人工控制，由前方观察员对目标指示 8 ~ 10 s 的时间。PGMM 还可以使用红外成像制导方式，成为"打了不管"精确制导武器。

PGMM 使用先进的制导、导航与控制处理器和一个控制推力装置，可以飞行至指定目标。系统由发射药、控制发动机、战斗部、激光传感器和引信五部分组成。激光传感器可以在约 80° 的视野夹角内捕捉目标并分类，通过处理器将信息传送到制导与控制分系统，以确保直接命中。PGMM 安装一个带有可调延时引信的爆破杀伤弹头，对指定目标具有很强的杀伤力。系统使用成型装药战斗部，既可摧毁软目标又可摧毁硬目标。用飞行时间、目标类型和激光编码等参数对引信进行编程后，精确制导迫击炮弹与常规迫击炮弹的发射非常相似，如图 6 - 2 所示，使用钢制和新式轻型复合材料身管均可发射。

PGMM 以德国迪尔·巴萨德 120 mm 迫击炮弹为基础，头部加装了半主动激光导引头，激光导引头与炮弹侧面的火箭推进器相连，能够在弹道末段进行制导；中、后部各有 4 片折叠翼和控制翼；带有固定尾翼、4 号装药系统和大

图 6 - 2   XM395 整弹

的弹头，弹长 1 m，弹重约 15.9 kg，最大射程可达 7.2 km，最小射程 500 m，射击精度在 1 m 以内。在实战使用中，当天气好时，可采用 GPS 中制导加激光半主动末制导方案，以期取得最大命中精度；当能见度过低或实战情况下不允许前方使用照射器时，可采用 GPS 方案。XM395 Block 1 采用多功能半主动激光制导，半主动激光导引头应用了 BAE 系统公司的分布式孔径半主动激光导引头技术，灵敏度极高，而且在宽大视场范围内具有很高的角精度，射程为 7.2 km，能够打击固定目标；Blcok 2 射程可达 10 km，能毁伤移动目标；Blcok 3 射程达 12 km 以上。

XM395 迫击炮弹结构如图 6 - 3 所示。

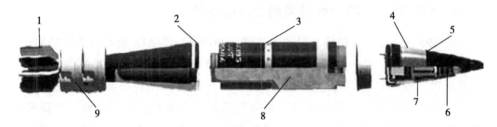

图 6 - 3   XM395 整弹及部件图

1—固定尾翼；2—分离密闭装置；3—推力控制机构；4—SAL 寻的；5—惯性传感器；6—引信；
7—飞行电池；8—爆炸填充物；9—4 号装药系统

PGMM 能与现役 M120 牵引式和 M121 车载滑膛迫击炮系统、"斯特瑞克"装甲车旅（SBCT）、非直瞄迫击炮系统兼容，发射无须改进迫击炮，旨在打击重要目标并最大限度地降低附带损伤，为美军炮兵提供打击常规迫击炮弹难以击毁的坚固工事和轻型装甲车辆等目标的战术手段。目前，120 mm 系列弹药包括榴弹、照明弹（包括可见光照明弹和红外照明弹）、发烟弹和训练弹。

2. "晶面" 120 mm 激光末制导迫击炮弹

俄罗斯图拉（TULA）设计局研制的"晶面" 120 mm 半主动激光末制导迫击炮弹，最初是为 2B11M 迫击炮专门研制的，但可以用于任何 120 mm 滑膛迫击炮。"晶面"整个系统由发射装置、炮弹以及自动火控系统组成，其中自动火控系统包括激光目标照射器以及一个红外成像仪。全套系统可以装在汽车上，最大射程能够达到 9 km，但是由于激光目标照射器的局限性，在攻击静止目标时，射程只有 7 km；攻击运动目标时，射程只有 5 km。

"晶面"弹径为 120 mm，弹丸重 25 kg，最大射程 7.5 km，杀伤爆破战斗部重 11.2 kg，装药 5.3 kg，它的威力相当于 155 mm 榴弹炮，即使在 45°着角的情况下仍有很强的杀伤力。于 20 世纪 90 年代末列装，主要供 2S9、2B16、2S23、2S31 式 120 mm 迫击炮发射使用。既可采用攻顶方式摧毁轻型装甲目标，又可以直接毁坏防御工事、桥梁和火炮发射阵地等目标。

"晶面"迫击炮弹是一种完全依靠陆基激光目标照射雷达引导进攻的激光制导炮弹。在发射前，"晶面"迫击炮弹的外形看起来酷似加长的普通火炮炮弹，而不像是迫击炮弹，通常由位于前方瞄准目标的观察员利用激光指示器为其引导目标。炮弹在飞行中，主翼和鸭翼会弹出，鸭翼提供弹道制导控制，激光传感器安装在头部。

"晶面"迫击炮弹可由激光指示器进行制导，即在弹道下落阶段，它由半主动激光寻的传感器制导，对在其 7 km 射程内的任何指定目标展开攻击，其中包括游击分队和恐怖分子的隐蔽处。尽管目前"晶面"迫击炮弹与 2B11M 式迫击炮配套出售，但它却可以配用于任何 120 mm 迫击炮，并可装在"虎"式 4×4 轮式装甲车上，提高了机动打击的能力。

3. "勇敢者" 240 mm 半主动激光末制导迫击炮弹

"勇敢者" 240 mm 半主动激光末制导迫击炮弹供俄罗斯 M240、2S4 式 240 mm 牵引和自行迫击炮发射使用，弹径 240 mm，1982 年列装，如图 6-4 所示。

图 6-4 "勇敢者" 240 mm 半主动激光末制导迫击炮弹

"勇敢者"是目前世界上最具威力的制导迫击炮弹，弹长 1 635 mm，弹重 134.2 kg，射程 3.6 ~ 9.2 km。弹的前面装有一个激光寻的器，当炮弹飞行到距目标 400 ~ 800 m 处（相当于 2.5 ~ 3 s 的飞行距离）时，寻的器被激活并开始感知激光目标照射器对目标的照射。当炮弹飞行偏离目标时，则由寻的器启动脉冲式校正发动机修正其航向，使炮弹转向目标。由于修正工作是在很短的末段弹道进行（直瞄射击时约为 1 s，间瞄射击时约为 3 s），因而对该炮弹的干扰实际上是不可能的。该制导炮弹配用的杀伤爆破战斗部内装有 32 kg 炸药，可用来对付坦克装甲目标和掩体。圆概率误差 0.8 ~ 1.4 m，无故障工作概率为 0.97，激光目标指示照射距离 0.7 ~ 7 km。

4. 莫林（Merlin）81 mm 波末制导反坦克迫击炮弹

20 世纪 70 年代末英国和瑞典开始研制可由迫击炮发射的反坦克末制导迫击炮弹，经多年的努力，英国研制成功了莫林（Merlin）81 mm 波末制导反坦克迫击炮弹。它采用了 3 mm 波段的毫米波探测器，能对付运动和静止的装甲目标，鸭式控制，地面有效搜索范围对动目标为 300 m × 300 m，对静止目标为 100 m × 100 m。在末制导阶段，弹上的毫米波寻的器对地面进行两次扫描，发现目标后，导引头将炮弹导向目标正上方，并以近似垂直的角度攻击目标。

5. 林鸮（Strix）120 mm 红外末制导反坦克迫击炮弹

瑞典已装备部队的末制导迫击炮弹是林鸮（Strix）120 mm 红外末制导反坦克迫击炮弹（图 6 - 5），堪称近年来迫击炮弹发展进程中的精品，它主要用于反装甲车辆，配用反装甲聚能装药战斗部。该炮弹的寻的系统主要以被动红外制导为主，扫描范围 150 m × 130 m，同时利用模拟计算系统选择潜在目标的位置，使炮弹对准目标，直接命中目标的顶部装甲。在发射之前，目标数据事先被输入炮弹中，从而当炮弹对准正确的方向时，可激活炮弹的寻的器。12 个小型可单发发射的侧向助推器位于炮弹的中心，对弹道进行修正，这样的结

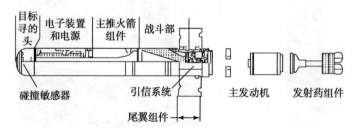

图 6 - 5　林鸮（Strix）120 mm 红外末制导反坦克迫击炮弹

构可以在炮弹飞行的俯冲阶段将其导航至指定目标，并在飞行中修正弹道。"林鸮"迫击炮弹依靠其正常动力装置的射程为 5 km，火箭增程弹的射程为 7.5 km。

6. LGMB 精确制导迫击炮弹

2004 年 7 月，以色列军事工业公司（Israel Military Industries，IMI）公开了一种新型 120 mm 激光制导半主动迫击炮弹（Laser Guided Mortar Bomb，LGMB），如图 6 - 6 所示。该炮弹可以配合所有已知的牵引或自行 120 mm 迫击炮以及各种激光照射器使用，射程 10.5 km，是同时为传统战场和城市作战设计的，精度高，附带毁伤小。为了增强竞争力，IMI 公司在研制 LGMB 时，规定了一个 7 000 美元的价格目标，这个价格相对于美国和瑞典研制的两种 LGMB 而言，有很强的竞争力。IMI 公司研制 LGMB 历时 3 年，目前已经结束了实验室测试阶段。这种 LGMB 配备一个弹头安装的被动式激光导引头，可以配合现有的地基和空基激光照射器使用。为了成功命中目标，炮弹上的红外导引头需要在 2 ~ 3 km 的高空用 10 s 的时间确认照射器指示的目标，随后 4 个弹翼打开，LGMB 的圆概率（CEP）误差为 1 m。

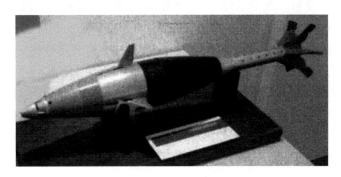

图 6 - 6 LGMB 精确制导迫击炮弹

除以上之外，国外精确制导迫击炮弹的代表产品还有德国的 GMM 精确制导迫击炮弹等，如图 6 - 7 所示。

国内方面，中国北方工业公司（NORINCO）开发了两种激光制导迫击炮弹 GP9 和 GP4。GP9 在前部有控制翼面，尾部有折叠式尾翼，有效攻击距离 2 ~ 7.5 km，配合 OL1 或 OL2 激光目标指示器/测距仪使用，其最大指示距离分别为 5 km 和 7 km。GP9 能够成功地攻击最大运动速度为 36 km/h 的移动目标，且具备抗干扰能力。GP4 最大射程 6 km，也配合 OL1 或 OL2 激光目标指示器/测距仪使用，中部设有脉冲修正推力器，尾部有折叠式尾翼。

图 6 - 7　GMM 精确制导迫击炮弹

6.2.2　弹道修正迫击炮弹

弹道修正迫击炮弹代表产品是美国的 M395（MGK 方案，即二维弹道修正引信方案），西班牙的 GMG - 120 和法国的 MPM 等。其中 M395 来源于美军在 2008 年启动的"加速部署制导迫击炮弹紧急项目"，当时的战技指标要求为：采用 GPS 制导，最大射程 7 km，最小射程 500 m，CEP 小于 10 m，可用现役 120 mm 迫击炮发射。随后 ATK 公司（MGK 方案）、雷声公司/以色列军事工业公司（GPS/IMU 复合制导方案）、通用动力公司（GPS 制导滚转控制方案）三方参与了竞标工作，在经过一系列试验测试后 ATK 公司胜出。其中 ATK 公司和通用动力公司方案均为固定鸭舵方案，如图 6 - 8、图 6 - 9 所示。美军将采用 MGK 方案的 120 mm 制导迫击炮弹投入阿富汗战场使用取得了较好的实战效果，但在后续文献报道中明确提出了其局限性，即由于有限的修正能力，在实际使用时对火炮瞄准精度的要求仍然较高，因此美军仍在开展其他替代方案的研究工作，例如低成本制导迫击炮弹方案等。

图 6 - 8　ATK 公司方案　　　　　　　　图 6 - 9　通用动力公司方案

以色列军事工业公司（IMI）正在开发 120 mm 精确迫击炮弹，采用 GPS 或激光制导，其核心是以色列军事工业公司的"纯心"微型化制导系统，它将同步的导航、实时计算和飞行控制系统集成到一个单一的耐爆制导组件中。以色列军事工业公司表示，实现精确打击效果的最大射程为 8 km，可选配空炸或着发引信。在 GPS 制导情况下，CEP 为 10 m；在激光制导下，CEP 为 1.5m。

6.3 典型智能火箭弹

6.3.1 国外典型制导火箭弹

1. 制导多管火箭系统（GMLRS）

GMLRS 是一款采用 GPS 制导的 227 mm 火箭弹，由美国、法国、意大利、英国联合研发。该项目始于 1999 年，美国于 2003 年开始采购 GMLRS。GMLRS 可由 M270 火箭炮系统及 M142 "海马斯"火箭炮发射，携带 200 lb 的整体式弹头，最大射程 70 km。美国陆军和海军陆战队都采购了 GMLRS。1998 年以来，美国国防部耗资 54 亿美元采购了超过 42 000 枚。国防部在 2020 财年申请了 12 亿美元采购约 9 900 枚，并计划在 2021—2024 财年斥资 43 亿美元采购近 29 000 枚。除参与联合研发的法国、德国、意大利、英国外，GMLRS 还向巴林、阿联酋、波兰、罗马尼亚出口。

GMLRS XM30 制导火箭弹是美国 GMLRS 系列中的"增量"1 型，其采用了子母式战斗部，射程达到了 60 km 以上，精度达到了米级，相较于 M26 系列非制导火箭弹，其摧毁一个目标可减少 80% 的耗弹量。GMLRS XM30 制导火箭弹的制导和控制系统位于弹体的头部，弹道修正执行机构为四片鸭式气动舵，在飞行过程中采用三通道控制，其结构方案如图 6 - 10 所示。据文献报道，在先期技术演示阶段，为了实现滚转解耦，其将弹体分为前后两段，并采用轴承连接，以保证前舱段滚转稳定。但有最新资料表明，其可能采用了自由旋转尾翼的方式来实现鸭舵和尾翼的滚转解耦。

除 GMLRS "增量" 1 型外，美国还开展了"增量" 2、"增量" 3、"增量" 4、"增量" 5 及后续"增量"项目的研制与装备。其中，"增量" 2 项目主要采用了整体式战斗部，配备了触发和延期双模引信，具备弹道规划能力，可最大限度地降低附带毁伤，从而大幅提高了火箭弹的战场适用性；"增量"

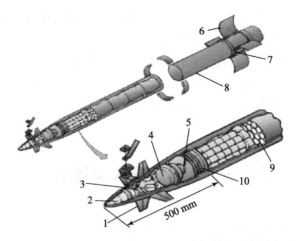

图6-10 GMLRS XM30 制导火箭弹结构

1—舵片（4）；2—电池；3—控制作动系统；4—惯性测量单元（IMU）；5—SAF；6—折叠式
自由旋转尾翼；7—旋转关节；8—火箭发动机；9—DPICM 子弹；10—GPU/ELECT

3 项目主要研制可替代战斗部制导火箭弹，从而在满足《集束弹药公约》的同时，具备子母式战斗部的作战效能；"增量" 4 项目计划研发新型发动机以提高火箭弹的射程，使火箭弹可以垂直弹道的方式攻击 250 km 范围内的目标，或以常规弹道的方式攻击 300 km 范围内的目标；"增量" 5 及后续 "增量" 项目将进一步提升火箭弹的射程，同时，使火箭弹具备目标重新装定、打击移动目标、毁伤效能可控、攻击复杂环境中的目标等能力。图 6-11 所示为 GMLRS 系统发射瞬间。

图6-11 GLMRS 系统发射瞬间

2. 陆军战术导弹系统（ATACMS）

ATACMS 是一款 610 mm 的火箭，可从 M270 或 M142"海马斯"火箭炮系统发射，如图 6-12 所示。ATACMS 从 20 世纪 80 年代开始研发，之后加装了 GPS 制导；1991 年 ATACMS 进行了第二次升级，使其战斗部能寻找和攻击装甲目标。其他的一些升级还包括改进目标识别及对硬目标具有更强穿透能力的新型战斗部。2016 年美国国防部称战略能力办公室为 ATACMS 研发了新的导引头，使其可用作反舰。美国陆军已宣布计划用新的精确打击导弹（PrSM）来替代 ATACMS。

图 6-12　ATACMS 远程精确战术导弹系统

美国陆军 2020 财年仍将耗资 3.4 亿美元采购 240 枚 ATACMS，但随着精确打击导弹（PrSM）入役，该采购将会裁减。2021—2024 财年将斥资 6.11 亿美元采购 492 枚 ATACMS。506 枚 ATACMS 被出口到阿联酋和罗马尼亚等多个国家。

PrSM 是用于取代 ATACMS 的新项目，仍由 M270 和 M142 火箭炮发射，射程超过 400 km，并带有抗干扰 GPS 设备，如图 6-13 所示。PrSM 仍在研发阶段，计划在 2023 财年实现初始作战能力。

3. 9M542 制导火箭弹

9M542 制导火箭弹是俄罗斯近年推出的一款 300 mm 弹道修正火箭弹，其

图 6-13 PrSM 精确打击

发射平台为 9K58 型"龙卷风"多管火箭武器系统，弹长为 7.6 m，弹重 820 kg，射程最近 40 km，最远可达 120 km。据英国《简氏导弹与火箭》报道，该型制导火箭弹主要用于外贸，是在 9M55K 型弹道修正火箭弹的基础上改进而来。其中，9M55K 型弹道修正火箭弹可装备反装甲集群战斗部、高爆破片战斗部、分离式爆炸战斗部、高温战斗部等多种类型的战斗部，并已成功出口到阿尔及利亚和印度等国家。另据美国《防务新闻》网站报道，印度和俄罗斯将在新德里建立 9K59 型"龙卷风"多管火箭武器系统的生产线，其中包括五个型号的"龙卷风"火箭弹，射程覆盖 40~90 km。图 6-14 所示为"龙卷风"火箭武器系统发射瞬间。

图 6-14 "龙卷风"火箭武器系统发射瞬间

4. EXTRA 型制导火箭弹

EXTRA 型制导火箭弹是以色列航空工业公司和以色列军事工业公司联合研制的增程型制导火箭弹，其射程可达 150 km。EXTRA 型制导火箭弹最早出现在 2005 年的巴黎航空展上，弹长 3.97 m，直径 300 mm，弹重 450 kg，采用 GPS/INS 制导系统，弹道修正执行机构为 4 片鸭式气动舵，精度可达 10 m 以内，可携带高爆战斗部或子母战斗部，采用四联装箱式发射，对发射平台的适用性较强，可采用机动、固定火箭弹发射系统进行发射。据美国《陆军公认》报道，越南为增强海岸的防御力量，已从以色列采购了 20 套 EXTRA 制导火箭弹武器系统，并且在其军方阅兵式上进行了展示。图 6 – 15 所示为航展上展出的 EXTRA 型制导火箭弹。

图 6 – 15 EXTRA 型制导火箭弹

除上述几款制导火箭弹外，还有塞尔维亚 EdePro 公司研制的 R400 型 400 mm 制导火箭弹和土耳其 Roketsan 公司研制的 300 mm "虎" 式制导火箭弹，这两款火箭弹也均采用了 GPS/INS 制导系统和鸭式气动舵，其中，R400 型制导火箭弹的射程为 40 ~ 200 km，最大射程处圆概率误差为 100 m；"虎" 式制导火箭弹的射程为 30 ~ 120 km，有效圆概率误差为 50 m 以内。巴西 Avibras 公司也在开发制导火箭弹。这家公司正在将其多管火箭发射系统改进到 ASTROS 2020 规范，将可发射 SS – 40G，即近程 180 mm 火箭弹的制导型。

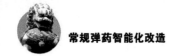
6.3.2 国内典型制导火箭弹

国内研制的制导火箭弹主要包括"卫士"WS 系列火箭弹和"火龙"系列火箭弹。"卫士"WS 系列火箭弹是由四川航天工业总公司研制的,其主要包括 WS – 1、WS – 1B、WS – 2、WS – 22、WS – 33、WS – 32、WS – 3A 等多种型号,射程覆盖 60 ~ 480 km,采用 6 × 6 轮式发射车发射,机动能力强。其中,WS – 1、WS – 1B 和 WS – 2 为早期的型号,无制导控制能力或采用了简易制导控制措施,此处不再进行介绍。图 6 – 16 所示为"卫士"WS 系列火箭弹。

图 6 – 16　"卫士"WS 系列火箭弹

图 6 – 16 中自左至右依次为 WS – 22、WS – 33、WS – 32、WS – 3A 型制导火箭弹。WS – 22 型制导火箭弹弹长 3.03 m,直径 122 mm,弹重 73 kg,战斗部装药 21 kg,射程为 20 ~ 45 km,射击精度在 100 m 以内。弹体前部安装了 48 个微型火箭发动机进行弹道修正,制导方式采用卫星制导,可在火箭弹飞行过程中实时计算实际弹道与基准弹道的偏差,根据偏差发出弹道修正指令,控制微型火箭发动机喷气以减小偏差,使火箭弹沿基准弹道飞行,从而提高落点精度。

WS – 33 型制导火箭弹弹长 3.3 m,直径 200 mm,弹重 205 kg,战斗部质量 23 kg,最大射程为 70 km,打击精度在 10 m 以内,在弹体的头部安装有红外导引头,在弹道末段可根据射前装定的目标信息及导引头捕获的信息自行锁定目标,从而实现精确打击。其也可安装数据链系统,通过"人在回路"控制,搜索与锁定目标。在弹体两侧安装有类似于边条翼的装置,能够改善火箭弹的飞行性能。采用四联装箱式发射，以实现快速装填。

WS-32 型制导火箭弹弹长 7 m，直径 300 mm，弹重 800 kg，战斗部质量 155 kg，可携带高爆、子母、燃烧和钻地等多种战斗部，最大射程可达 150 km，射击精度在 30 m 以内。其采用了 GNSS/INS 组合导航系统，弹道修正执行机构为 4 片鸭式气动舵，在飞行过程中进行三通道控制，采用旋转尾翼的方式实现鸭舵和尾翼的滚转解耦。采用四联装箱式发射，能适应多种发射平台。

WS-3A 型制导火箭弹弹长 7.15 m，直径 400 mm，弹重 1 401 kg，战斗部质量 200 kg，射程为 70~280 km，打击精度在 50m 以内。其采用了 GPS/INS 复合制导系统，能够在全弹道飞行过程中进行弹道修正，可携带多种类型战斗部。其携带的综合效应子母战斗部，包括 200 枚预制破片及 100 枚子弹，每枚子弹的破甲深度可达 180 mm。此外，WS-3A 武器系统的自动化程度较高，整个发射准备时间仅需 7 min，能够快速发射并迅速撤离。

"火龙"系列火箭弹是由中国兵器集团公司研制的新型制导火箭弹，其包括 140 mm 和 280 mm 等型号，且均为制导火箭弹，如图 6-17 所示。

图 6-17　"火龙"系列火箭弹

"火龙"系列火箭弹由 AR3 火箭炮发射，整个武器系统具备全套 C^4ISR 功能，其发射平台可实现多种型号火箭弹共架发射，最大射程达 280 km，射击精度在 50 m 以内。为提高飞行姿态的精准控制，其加装有惯性导航组件，并且采用了倾斜稳定模式。

除"卫士"WS 和"火龙"系列火箭弹外，国内还有其他多种型号的制导火箭弹，此处不再逐一介绍。

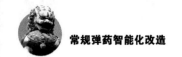

北方工业公司（NORINCO）针对 AR3 370 mm/300 mm 多管火箭炮（基于一种 8′8 越野底盘），向出口市场提供 BRE3300 mm 型制导火箭弹，最大射程130 km；BRE6 和 BRE8 370 mm 型制导火箭弹，最大射程分别为 220 km 和280 km。此外，NORINCO 公司还研制了 SR5 多管火箭炮（基于一种 6×6 越野底盘），能够安装 2 个发射箱，配备 20×122 mm 或 6×220 mm 火箭弹。为了配合 SR5 多管火箭炮，NORINCO 正在销售 BRE7 122 mm 制导型火箭弹，最大射程 40 km，采用 GPS/INS 制导系统，CEP 为 20 m；GR1 220 mm 末段制导火箭弹，最大射程 70 km，除了 GPS/INS 之外还加有激光制导系统，精度为 3 m。中国航天科技集团公司（CASC）推出了 A300 两级火箭弹，第二级采用 GPS/INS 制导，战斗部重 150 kg，射程为 300 km，CEP 为 30～45 m。据报道，A300 能够与 DF12/M20 导弹共用 TEL（运输－竖起－发射装置）。

参考文献

［1］尹建平，王志军，弹药学［M］．北京：北京理工大学出版社，2014.

［2］仼武能，史淑娟，余达太．从历次局部战争看美军精确制导弹药的发展
［J］．导弹与航天运载技术，2006（5）：58－61.

［3］Sicignano. R. Low cost competent munitions［C］∥Proceedings of the 4th International Cannon Artillery Firepower Symposium & Exhibition & Picatinny's Firepower Benefit，1995.

［4］张民权等．弹道修正弹发展综述［J］．兵工学报，2010，31（2）：127－130.

［5］柏席峰，樊琳．美国 GMLRS 制导火箭弹研制近况［J］．国外兵器情报，2012（2）：12－13.

［6］佘浩平，杨树兴．基于 GPS/INS 的制导型火箭弹系统概念设计［J］．弹箭与制导学报，2003，23（4）：173－175.

［7］曹营军，杨树兴，张成．末修火箭弹抛物线比例导引的特性［J］．固体火箭技术，2008，31（1）：1－3.

［8］Chen Guo Guang. Research on projectile correction scheme of two－dimension rocket［C］∥5th ITSM，2003.6.

［9］王中原，王良明．修正弹道飞行稳定性分析［J］．兵工学报，1998，19（4）：298－300.

［10］高敏，张强．弹道修正弹实际弹道探测技术综述［J］．弹道学报，2003，15（1）：88－92.

［11］ HanSung Lee，Kwangjin Kim，HeeYong Park，et al. Roll estimation of a smart munition using a magnetometer based on an unscented Kalman filter ［C］∥ AIAA Guidance，Navigation and Control Conference and Exhibit，2008 – 7460.

［12］ Paul Zarchan. Tactical and Strategic Missile Guidance ［M］. American Institute of Aeronautics，Inc，1997.

［13］ Erik Berglund. Guidance and control technology ［C］∥Paper presented at the RTO SCI Lecture Series on "Technologies for Future Precision Strike Missile Systems"，held in Thilisi，Georgia，18 – 19June 2001.

［14］ Donnard R E，Fenton S J，Stoliar A P. Antitank weapon system application of impulse control and semi active homing ［R］. Philadelphia：Research and Development Group，Frankford Arsenal，1964.

［15］ Jitpraphai T，Burchett B，Costello M. A comparison of different guidance schemes for a direct fire rocket with pulse jet control mechanism ［C］∥AIAA atmospheric flight mechanics conference and exhibit，6 – 9 August 2001.

［16］ Bradley Burchett，Mark Costello. Model predictive lateral pulse jet control of an atmospheric rocket ［J］. Journal of guidance，Control，and Dynamics，2002，25（5）：860 – 867.

［17］ Jitpraphai T，Costello M. Dispersion reduction of a direct – fire rocket using lateral pulse jets ［J］. Journal of Spacecraft and Rockets，2001，38（6）：929 – 936.

［18］卞伟伟，王良明，李岩，等. 制导火箭弹最优末制导律设计 ［J］. 弹道学报，2013.12，25（4）：27 – 31.

［19］曹营军，毕晓蒙. 基于脉冲力修正的弹道追踪导引律在末修弹中的应用研究 ［J］. 弹箭与制导学报，2008，28（2）：158 – 160.

［20］肖顺旺，安志勇，李升才，等. 基于不同导引律的脉冲修正弹广义弹道偏差研究 ［J］. 弹箭与制导学报，2010，30（02）：205 – 207.

［21］张成，曹营军，杨树兴. 一种低速滚转弹药脉冲发动机弹道修正方法 ［J］. 弹道学报，2008，20（2）：45 – 48.

［22］徐劲祥. 弹道修正弹追踪制导律研究 ［J］. 弹箭与制导学报，2004，24（4）：163 – 165.

［23］赵捍东. 脉冲发动机提供控制力的火箭弹弹道修正理论及技术研究 ［D］. 南京：南京理工大学，2008.

［24］ Philip V Hahn，Robert A Frederick，Jr.，Nathan Slegers. Predictive Guidance

of a projectile for hit – to – kill interception ［C］∥IEEE Transactions on control systems technology, 2009, 17 (4): 745 – 756.

［25］ Douglas Ollerenshaw, Mark Costello. Model predictive control of a direct fire projectile equipped with canards ［C］∥AIAA Atmospheric Flight Mechanics Conference and Exhibit, San Francisco, California, 2005: 5818 – 5830.

［26］ Frank Fresconi, Mark. Model predictive control of agile projectiles ［C］∥AIAA Atmospheric flight mechanics conference, Minneapolis, Minnesota, 2012: 4860 – 4876.

［27］ Nathan Slegers. Model predictive control of a low speed munition ［C］∥AIAA Atmospheric flight mechanics conference and exhibit, Hilton Head, 2007: 6583 – 6602.

［28］ Nathan Slegers. Predictive control of a munition using low – speed linear theory ［J］. Journal of Guidance, Control, and Dynamics, 2008, 31 (3): 768 – 775.

［29］ 杨俊，钱宇. 基于预测落点导引律的制导炸弹中制导律设计 ［J］. 计算机仿真，2011, 28 (8): 87 – 89.

［30］ 曹营军，李升才，戴炜，等. 脉冲末修弹落点预测导引方法研究 ［J］. 军械工程学院学报，2011, 23 (4): 21 – 25.

［31］ 赵捍东，李强，焦军虎等. 利用落点预测制导律提高火箭弹射击精度的方法研究 ［J］. 弹箭与制导学报，2009, 29 (3): 169 – 172.

［32］ 曹营军，朱宗平，李立春，等. 基于 BP 人工神经网络的末修弹落点预测导引模式 ［J］. 弹箭与制导学报，2011, 31 (6): 76 – 78.

［33］ 陈映，文树梁，程臻. 一种基于多模型算法的纯弹道式弹道落点预报方法 ［J］. 宇航学报，2010, 31 (7): 1825 – 1831.

［34］ 李德银. 误差实时辨识在修正弹落点预测上的应用研究 ［J］. 计算技术与自动化，2012, 31 (1): 44 – 47.

［35］ Vishal Cholapadi Ravindra. Projectile Identification and Impact Point Prediction ［J］. IEEE Transactions on Aerospace and Electronic Systems, 2010, 46 (4): 2004 – 2021.

［36］ Frank Fresconi, Gene Cooper. Practical assessment of real – time impact point estimators for smart weapons ［J］. Journal of Aerospace Engineering, 2010 (10): 8 – 16.

［37］ Leonard C. Hainz III, Mark Costello. In flight projectile impact point prediction ［C］∥AIAA Atmospheric flight mechanics conference and exhibit, Providence, Rhode Island, 2004: 4711 – 4752.

［38］ Norman Coleman, Ricky May, Manickam, et al. Fire control solution using ro-
bust MET data extraction and impact point prediction ［C］//The fourth interna-
tional conference on control and automation (ICCA' 03), Montreal, Cana-
da, 2003, 770 – 774.

［39］ Norman Coleman, Park Yip, Ricky May, et al. Wind profile extraction and
impact point prediction from projectile trajectory measurements ［C］. Proceed-
ings of the American Control Conference San Diego, California, June 1999.

［40］ Norm Coleman, Park Yip, Ricky May. Estimation and prediction of projectile
trajectory Met data and impact point ［M］. American Institute of Aeronautics
and Astronautics, 1998.

［41］ Jonathan Rogers, Mark Costello. Smart projectile state estimation using evidence
theory ［C］//AIAA Atmospheric Flight Mechanics Conference. 2011 – 6337.

［42］ Burchett B, Peterson A, Costello M, Prediction of swerving motion of a dual –
spin projectile with lateral pulse jets in atmospheric flight ［J］. Mathematical
and Computer Modeling, 2002, 35 (1): 1 – 14.

［43］ Oliver Montenbruck, Markus Markgraf. Global positioning system sensor with
instantaneous – impact – point prediction for sounding rockets ［J］. Journal of
Spacecraft and Rockets, Vol. 41, No. 4, July – August 2004.

［44］ 梁先洪, 付小锋, 张桂花, 等. 一种简化的弹道方程模型研究 ［J］. 火
力与指挥控制, 2013, 38 (7): 24 – 31.

［45］ Paul Weinacht, Gene R. Cooper, James F Newill. Prediction of direct – fire
munition trajectories using an analytical approach ［C］//AIAA Atmospheric
Flight Mechnaics Conference and Exhibit. 2005 – 5816.

［46］ Westlake M. Fire control model calibration using six degree of freedom modeling
［C］//20th international symposium on ballistics, 2002. 9.

［47］ 高策, 张淑梅, 赵立荣, 等. 基于数值积分法的弹道导弹落点实时预测
［J］. 计算机测量与控制, 2012, 20 (2): 404 – 406.

［48］ 刘彦君, 乔士东, 黄金才, 等. 一种高精度弹道导弹落点预测方法 ［J］.
弹道学报, 2012, 24 (1): 22 – 26.

［49］ 董燕琴, 戴金海, 安维康. 弹道导弹落点预报技术综述 ［J］. 航天控制,
2008, 26 (1): 91 – 96.

［50］ Leonard C Hainz III, Mark Costello. Modified projectile linear theory for rapid
trajectory prediction ［J］. Journal of Guidance, Control, and Dynamics,
2005, 28 (5): 1006 – 1013.

［51］ 田晓丽，陈国光，辛长范．弹道修正弹的外弹道实时解算算法研究［J］．华北工学院测试技术学报，2000，14（1）：44－47．

［52］ 葛兵，高慧斌，张淑梅，等．基于经纬仪测量数据的落点预测方法研究［J］．光学精密工程，2011，28（11）：38－42．

［53］ 张成．脉冲修正弹药射程预测控制方法［J］．弹道学报，2010，22（1）：20－23．

［54］ 何光林，马宝华，陈科山，等．基于 GPS 测量的弹道落点快速算法［J］．探测与控制学报，2003，25（增刊）：33－36．

［55］ 史金光，刘猛，曹成壮，等．弹道修正弹落点预报方法研究［J］．弹道学报，2014，26（2）：29－33．

［56］ 李飞飞，吕颖，南英．炸弹弹道落点参数拟合算法［J］．电光与控制，2013，20（9）：84－87．

［57］ Kathleen A Kramer, Stephen C Stubberud. Impact time and point predicted using a neural extended Kalman filter［C］∥International conference on intelligent sensors, networks and information processing, 2005：199－204．

［58］ Ghosh A K, Om Prakash. Neural Models for Predicting Trajectory Performance of an Artillery Rocket［J］. Journal of aerospace computing, Information, and communication, 2004, 1：112－115．

［59］ 曹营军，杨树兴，李杏军．基于抛物线导引的末修弹着角控制研究［J］．弹道学报，2008，20（2）：52－55．

［60］ 王中原，史金光，李铁鹏．弹道修正中的控制算法［J］．弹道学报，2011，23（2）：19－21．

［61］ Burchett B, Costello M. Specialized kalman filtering for guided projectiles［C］∥39ᵗʰ AIAA Aerospace Sciences Meeting ＆Exhibit, Reno, NV, 2001．

［62］ 戴明祥，杨新民，易文俊，等．用于卫星制导弹药落点预测的卡尔曼滤波算法［J］．弹箭与制导学报，2013，33（4）：91－93．

［63］ 陈维波，纪永祥，陈战旗．基于扩展卡尔曼滤波的射程修正落点预测模型［J］．探测与控制学报，2013，35（3）：8－11．

［64］ Bertrand Grandvallet, Ali Zemouche, Mohamed, et al. A real－time sliding window filter for projectile attitude estimation［C］∥AIAA Guidance, Navigation, and Control Conference. Toronto, Ontario Canada, 2010：7751－7765．

［65］ Thomas Recchia. Projectile velocity estimation using aerodynamics and accelerometer measurements：A kalman filter approach［C］∥U. S. Army armament

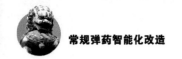
research, development and engineering center, 2010.

[66] 杨慧娟, 霍鹏飞, 黄铮. 弹道修正执行机构综述 [J]. 四川兵工学报, 2011, 32 (1): 7 - 9.

[67] Thanat Jitpraphai. Lateral pulse jet control of a direct fire atmospheric rocket using an inertial measurement unit sensor system [D]. Oregon State University, 2001. 7.

[68] Bradley T. Burchett. Robust lateral pulse jet control of an Atmospheric rocket [D]. Oregon State University, May 2, 2001

[69] Corriveau D, Berner C, Fleck V. Trajectory correction using impulse thrusters for conventional artillery projectiles [C]//IBC. 23rd International Symposium on Ballistics. Tarragon. spin: IBC, 2007: 639 - 646.

[70] 张强, 高敏, 余建华. 一维弹道修正引信 DCM 启动时间快速计算方法研究 [J]. 探测与控制学报, 2004, 26 (1): 28 - 31.

[71] 雷文星, 田晓丽, 吴建萍, 等. 一维弹道修正弹的气动特性与修正量研究 [J]. 弹箭与制导学报, 2012, 32 (6): 131 - 135.

[72] 王佳伟, 霍鹏飞, 陈超. 基于蒙特卡洛法的冲推器数量与冲量优化 [J]. 探测与控制学报, 2010, 32 (1): 92 - 96.

[73] 刘欣, 刘景华, 张晓今, 等. 脉冲力和力矩对修正弹稳定性的影响 [J]. 弹箭与制导学报, 2008, 28 (5): 173 - 176.

[74] 王中原, 丁松滨, 王良明. 弹道修正弹在脉冲力矩作用下的飞行稳定性条件 [J]. 南京理工大学学报, 2000, 24 (4): 322 - 325.

[75] 姚文进, 王晓鸥, 高旭东, 等. 弹道修正弹脉冲修正机构简易控制方法 [J]. 弹道学报, 2007, 19 (3): 19 - 22.

[76] Daniel Corriveau, Pierre Wey, Claude Berner. Thrusters pairing guidelines for trajectory corrections of projectiles [J]. Journal of Guidance, Control, and Dynamics, 2011, 34 (4): 1120 - 1128.

[77] 徐劲祥, 夏群力. 末段修正迫弹主要参数确定方法研究 [J]. 弹箭与制导学报, 2005, 25 (2): 80 - 82.

[78] He Fenghua, Ma Kemao, Yao Yu. Firing logic optimization design of lateral jets in missile attitude control systems [C]//17th IEEE international conference on control applications part of 2008 IEEE multi - conference on systems and control San Antonio, Texas, USA, 2008: 936 - 941.

[79] He Fenghua, Ma Kemao, Yang Baoqing, et al. Model predictive control for a missile with blended lateral jets and aerodynamic fins [C]//Proceedings of the

27th Chinese Control Conference, Kunming, Yunnan, China, 2008：430 – 434.

[80] 赵松云，李骞，李德义. 拦截器姿控脉冲发动机点火控制算法 [J]. 火力与指挥控制，2014，39（1）：95 – 97.

[81] 史金光，王中原，曹小兵，等. 一维弹道修正弹气动力计算方法和射程修正量分析 [J]. 火力与指挥控制，2010，35（7）：80 – 83.

[82] 魏志芳，郎田，吴建萍. 一维弹道修正弹气动分析与射程修正控制算法 [J]. 弹箭与制导学报，2013，33（2）：98 – 100.

[83] 张宇宸，杜忠华，赵永平，等. 一维弹道修正弹射程修正能力计算方法 [J]. 计算机仿真，2013（6）：24 – 28.

[84] 黄义，汪德虎，等. 舰炮一维弹道修正弹射击误差分离和校正研究 [J]. 指挥控制与仿真，2012，34（3）：44 – 46.

[85] 王宝全，李世义，何光林，等. 一维弹道修正引信射程扩展量的计算方法 [J]. 探测与控制学报，2002，24（4）：17 – 20.

[86] 常悦，王向彬，高敏. GPS 一维弹道修正引信修正算法研究 [J]. 军械工程学院学报，2005，17（4）：16 – 18.

[87] 申强，周翙，杨登红，等. 一维弹道修正引信弹道修正策略分析 [J]. 北京理工大学学报，2013，33（5）：465 – 468.

[88] 胡荣林，李兴国. 确定射程弹道修正弹阻力器展开时刻的算法研究 [J]. 兵工学报，2008，29（2）：235 – 239.

[89] 王永周，刘明喜，赵小侠. 一维弹道修正弹阻力执行机构开启时间确定算法 [J]. 弹箭与制导学报，2009，29（6）：165 – 168.

[90] 陶陶，王海川. 一维弹道修正弹阻力环修正控制算法研究 [J]. 指挥控制与仿真，2009，31（3）：89 – 93.

[91] 姚文进，王晓鸥，李文彬，等. 末段修正迫弹脉冲发动机控制策略 [J]. 探测与控制学报，2008，30（增刊）：8 – 14.

[92] 王航，孙瑞胜，薛晓中，等. 非质心布置的简易脉冲式末制导炮弹控制方法 [J]. 火力与指挥控制，2010，35（9）：175 – 177.

[93] 吴少英. 直接侧向力与气动力复合控制导弹姿态控制方法研究 [D]. 哈尔滨：哈尔滨工业大学，2012. 7.

[94] 宋锦武，祁载康，夏群力，等. 简易制导脉冲控制力修正技术研究 [J]. 北京理工大学学报，2004，24（5）：383 – 386.

[95] 陈晋璋. 脉冲式修正弹控制策略和弹道特性分析 [D]. 南京：南京理工大学，2014.

［96］ Bojan Pavkovic, Milos Pavic, Danilo Cuk. Frequency – modulated pulse – jet control of an artillery rocket ［J］. Journal of Spacecraft and Rockets, 2012, 49 (2): 286 – 294.

［97］ Spilios Theodoulis, Philippe Wernert. Flight control for a class of 155 mm spin – stabilized projectiles with course correction fuse (CCF) ［C］. AIAA Guidance, Navigation, and Control Conference, 2011 – 6247. : 1 – 10.

［98］ Paul Weinacht. Lateral control jet aerodynamic prediction for a 2. 75 – in rocket testbed munition ［R］. ARL – TR – 3165, April 2004.

［99］ Roger R P. The aerodynamics of jet thruster control for supersonic/hypersonic endo – interceptors.

［100］ Gamble A E. Low cost guidance for the multiple launch rocket system (MLRS) artillery rocket ［J］. Aerospace and Electronics Systems Magazine, 2001. 16 (1).

［101］ Thanat Jitpraphai, Bradley Burcchett, Mark Costell. A comparision of different guidance schemes for a direct fire rocket with a pulse jet control mechanism ［R］. ADA401519.

［102］ Frank Fresconi, Peter Plostins. Control mechanism strategies for spin – stabilized projectiles ［C］//47th AIAA Aerospace Sciences Meeting Including The New Horizons Forum and Aerospace Exposition, 2009 – 312.

［103］ Anthony J Calise, Hesham A EI – Shirbiny. An analysis of aerodynamic control for direct fire spinning projectiles, AIAA 2001 – 4127 ［R］. US: AIAA, 2001: 5 ~ 7.

［104］ Gupra S K, Saxena S, Singhal A, et al. Trajectory correction flight control system using pulsejet on an artillery rocket ［J］. Defense Science Journal, 2008, 58 (1): 15 – 33.

［105］ Onyshko S, Noges. Optimisation of pulse frequency modulated control system via modified maximum principle ［C］//IEEE Transactions on Automatic Control, 1968, 13 (2): 144 – 149.

［106］ Philip J Magnotti. Low cost course correction (LC3) for mortars information briefing ［C］//38th Annual Gun, Ammunition and Missiles Symposium & Exhibition. 25 March 2003.

［107］ Taur Der Ren, Hsu Hai Tao. A composite guidance strategies for SAAMM with side jet controls ［C］//AIAA Guidance, Navigation, and Control Conference, 2001.

［108］ Manu Sharma，Eugene Lavretsky. Application and flight testing of an adaptive autopilot on precision guided munitions ［C］∥AIAA Guidance，Navigation，and Control Conference，2006 - 6568. ：1 - 12.

［109］ 韩子鹏等. 火箭弹外弹道学 ［M］. 北京：北京理工大学出版社，2008.

［110］ 杨绍卿等. 火箭外弹道偏差与修正理论 ［M］. 北京：国防工业出版社，2011.

［111］ 常思江，曹小兵，刘铁铮. 基于弹道预测的脉冲修正弹末段控制方法 ［J］. 海军工程大学学报，2012，24（6）：84 - 88.

［112］ 肖顺旺，安志勇，李升才，等. 基于不同导引律的脉冲修正弹广义弹道偏差研究 ［J］. 弹箭与制导学报，2010，30（2）：205 - 207.

［113］ 钱学森，宋健. 工程控制论 ［M］. 北京：科学出版社，1980.

［114］ 李超旺，高敏，宋卫东. 基于摄动原理的火箭弹落点实时预测 ［J］. 兵工学报，2014，35（8）：1164 - 1171.

［115］ 姚文进，王晓鸣，李文彬，等. 弹道修正引信脉冲修正参数研究 ［J］. 制导与引信，2007，28（2）：24 - 27.

［116］ 林德福，徐劲祥，宋锦武. 弹道修正弹丸的脉冲控制参数设计 ［J］. 武器装备自动化，2005，24（3）：23 - 24.

［117］ 孙瑞胜，陈晋璋，明超，等. 脉冲横流对末修弹弹道特性的影响分析 ［J］. 弹道学报，2013，25（4）：6 - 14.

［118］ 戴明祥，杨新民，易文俊. 卫星制导炮弹脉冲修正矢量的计算方法研究 ［J］. 弹道学报，2011，23（4）：27 - 31.

［119］ 于剑桥，方正，胡文斌. 基于状态预测的脉冲控制算法研究 ［J］. 北京理工大学学报，2012，32（1）：42 - 46.

［120］ 曹营军，杨树兴，李杏军. 基于脉冲控制的末段弹道修正弹点火相位优化研究 ［J］. 兵工学报，2008，29（8）：897 - 901.

［121］ 易文俊，王中原，杨凯，等. 基于脉冲控制的末段修正弹道研究 ［J］. 南京理工大学学报，2007，31（2）：219 - 223.

［122］ 李超旺，高敏，郭庆伟，等. 弹道修正弹射程偏差预测与阻力板展开时机优化 ［J］. 军械工程学院学报，2014，26（4）：19 - 25.

索 引

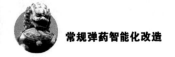

H ～ J